この空のかなた

須藤靖

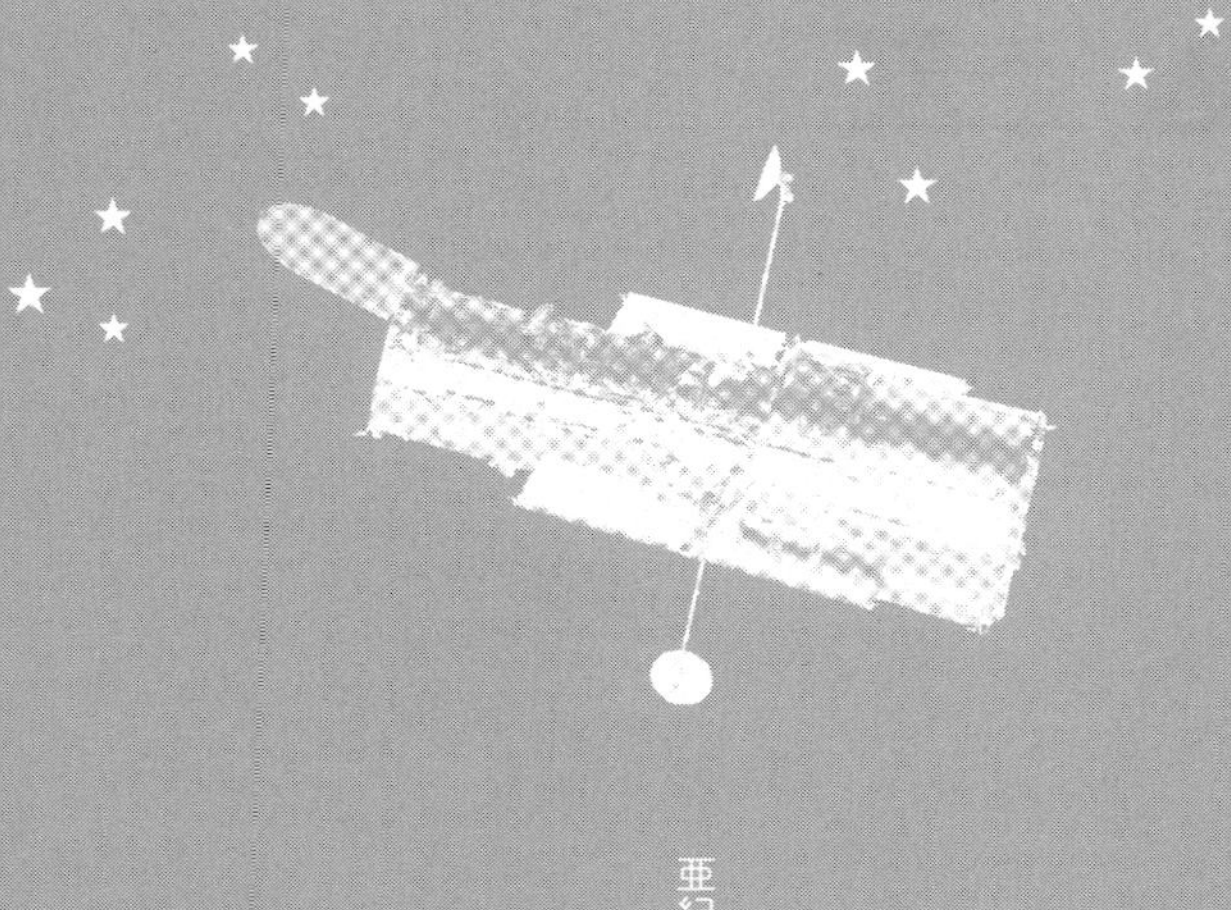

亜紀書房

デザイン　芝　晶子（文京図案室）

この空のかなた

もくじ

はじめに

138億年、宇宙の旅

私は高知県安芸市で生まれ、大学入学のため東京に出てくるまで高知県で育ちました。田舎の夜空は本当に暗く、中学時代に吹奏楽の部活を終え自転車をこぎながら仰ぎ見た冬の星々の美しさはよく覚えています。といっても、とりたてて天文学に興味があったわけではありません。その後、大学で物理学を学ぶうち、気がついたら宇宙物理学を専攻していたのです。

おかげで、私は星座はもちろん星の名前や場所の類いはほとんどわかりません。にもかかわらず、職業柄、宇宙に関する一般向け講演をお引き受けする機会も少なくありません。２０１３年には、高知市で日本学術会議が主催するサイエンスカフェで話をさせていただきました。その際に参加してくださった高知新聞社の天野弘幹さんから依頼をいただき、２０１６年4月から毎月第2土曜日に高知新聞で宇宙に関する連載「この空のかなた １３８億年の旅」を開始しました。この連載は、ほぼ紙面一面を使い、毎回大きなカラー写真を掲載してそれに関係する宇宙の話を紹介するもので、およそ全国紙では考えられないような贅沢なシリーズです。

さて、連載を開始して1年以上経った頃、亜紀書房の編集者である田中祥子さんとお会いする機会がありました。その際に、高知新聞の連載の話をして、そのうち単行本化したいとの希望を伝えた結果、今回こうして実現に至りました。

理由はわかりませんが、人は誰でも天体の写真を眺めると本能的に美しいと感じるようです。星空を醜いと感じる人には出会ったことはありません。しかしながら、その天体が何を表しており、そこでは何が起こっているのかを理解した上で再び眺め返すと、同じ写真であってもそれまで見えなかった新たな美しさに気づくはずです。これは特に小さく暗い天体の場合に顕著です。

小さく暗い天体は、最新の観測技術を駆使することで初めて検出できます。当然、ごく限られたデータしか得られませんから、ノイズの多い画質の粗い画像になってしまいます。何も知らずに眺めただけでは、これは一体何だろう？ 程度の印象しか残らないかもしれません。しかし、その画像が教えてくれる天体、さらには宇宙の姿を理解した上で見直せば、その見方がすっかり変わってしまうことすらあるでしょう。

本書は、説明せずとも見惚れてしまうほど美しい写真から、一見何の変哲もないにもかかわらず実は深い意味をもつ写真まで、様々な天体の姿を紹介しつつ、楽しみながら宇宙への理解を深めてもらえるように工夫したつもりです。

宇宙に関する一般解説本はすでに数多く出版されています。また、ハッブル宇宙望遠鏡やすばる望遠鏡に代表される、最新の天文観測から得られる画像はしばしば新聞を賑わせますし、それらをまとめた写真集もいくつか出版されています。本書はそれらの橋わたしをする役割を意図しています。


本書の出版にあたっては数多くの方々にお世話になりました。すべての方々の名前をここにあげることはできませんが、中でも、連載の企画を提案していただいた高知新聞社の天野さんと、原稿を細部に至るまでチェックして数多くのコメントをいただいた亜紀書房の田中さんのお二人には、心から厚く感謝いたします。高知県出身の私が高知新聞で連載し、安芸市出身の私が亜紀書房からそれを単行本として出版することになったのも何かの因縁かもしれません。また、国立天文台ハワイ観測所の藤原英明さんには、すばる望遠鏡のあるハワイ島マウナ・ケア山頂からの美しい星空の写真を提供していただきました。最後になりますが、いつも私の連載を読んでいただいている高知新聞購読者の方々にも重ねて御礼申し上げます。本書を活用し、折りに触れ高知新聞ならではの連載を思い出していただきながら、今後とも引き続きご愛読くだされば幸いです。

では、いよいよ、この空のかなたへ、１３８億年の旅に出発していただきましょう。どうぞごゆっくりお楽しみください。

２０１８年５月10日

須藤　靖

1★ 世界を支配するダーク

地球は、太陽の周りを1年で公転しています。さらに24時間周期で自転しています。そのため、太陽に向いていない側は影となって暗くなる。これが地球上に夜が訪れる理由です。そんなことはあえて説明するまでもないかもしれませんが、われわれ人類の祖先は、その誕生以来ずっと夜空に浮かぶ無数の星々を眺めて過ごしてきたに違いありません。神話が生まれ、それらの星々の正体を理解しようとする営みから、天文学が生まれ、さらにより広い科学へと発展してきました。

このように「夜」の存在は、地球文明にとって不可欠な役割を果たしています。でも「それでは、もしも地球に夜がなかったら?」とまで考えたことがある人はい

[1] Isaac Asimov and Robert Silverberg, *Nightfall*, Doubleday, 1990
アシモフが1941年に書いた有名な短編『Nightfall』(夜来たる)にもとづいて、1990年にはロバート・シルヴァーヴァーグとの共著となる長編版が出版された

るでしょうか。

アイザック・アシモフは、数多くの優れたSF小説を送り出した有名な作家であり科学者です。その彼を一躍有名にさせたと言われているのが、1941年に発表した『Nightfall（夜来たる）』です。アシモフは、その短編小説の中で、まさに夜のない世界を考えました。

舞台は、六つの太陽をもつ惑星「ラガッシュ」。そのためラガッシュには常に異なる方向から光が降り注ぎ、人々は「夜」を知りません。ところが、古くから伝わる神話によれば、ラガッシュは約2000年ごとに真っ暗な洞窟の中に入り「夜」を迎えることになっています。天文学者たち（夜のない惑星になぜ天文学者がいたのかは謎なのですが……）は、この言い伝えが、たまたま空に一つの太陽だけが昇っている時にラガッシュの公転軌道の内側にあるもう一つの惑星が皆既日食を起こす周期と一致していることに気づきます。彼らの予想が正しければ、あと一時間ほどで日食となりラガッシュが「夜」を迎える。それがこの小説の始まりです。

さて、ここで皆さんもラガッシュの人々になったと想像してみてください。ラガッシュの空にはいつも輝く太陽が昇っており、空は美しい青のままです。その青空の先に自分たちが知らない何かが存在しているなどとは夢にも思いつけません。つまり、自分たちは宇宙の中心にいる特別な存在のはずです。これから一時間後に訪れる「日食」は、ラガッシュを真っ暗闇にする恐ろしい出来事でしかありません。

ところが実際に「日食」の瞬間に現れたのは、夜空を埋め尽くす数万の星々でした。ラガッシュの住人は初めて「星」というものを知り、ただちに自分たちがこの世界を今まで何も理解していなかったことに気づきました。ラガッシュも、またそこに住む自分たちも、この宇宙において特別な存在どころか、全く平凡な存在に過ぎないことに。最後に主人公が「われわれは何も知らなかった」とつぶやきます。そして物語は終わります。

その続きはすべて読者の想像に任されています。あまりにも慣れすぎていて疑問に思うことすらない事実の奥に、本質的な謎や深い真理が隠れていることがあります。直接見えているものだけが世界のすべてではない。この小説が深い感動を与えるのは、まさにそれに気づくきっかけを与えてくれるからでしょう。このように、地球に「夜」があることは幸運と呼ぶべき偶然です。仮に、われわれが夜がない地球に生まれていたとすれば、世界の見方はずいぶんと違っていたはずです。

地球から眺める夜空のかなた。それを通じて、われわれはどのような宇宙、そして世界に住んでいるのかを考えてみる前に、逆に宇宙から見た夜の地球の姿から始めてみましょう。気象衛星は地球のあらゆる場所を常に観測し続けています。その中でも米国の気象衛星は、データをインターネット上で公開しています。次ページは、２０１２年４月の９日間、および10月の13日間に撮影された夜の地球の画像です。まずは、それをじっくり眺めていただきましょう。

［2］夜の地球
提供…NASA Earth Observatory/NOAA NGDC

まばゆいばかりに輝いて見える米国の西海岸と東海岸、ヨーロッパ、日本、中国の東側に対して、アフリカ大陸、南米大陸、オーストラリア、中国などの内陸部にはほとんど光がありません。

いつも目にする世界地図と、この夜の世界地図とを比べてみると、この地球上でエネルギーを消費している地域がいかに偏っているのかが一目瞭然です。例えば、日本付近の拡大図（左ページ）を見てください。北緯38度線を境に朝鮮半島の北と南でこれだけ夜の明るさが違うこと、韓国の南側かつ九州の西側に見えるくっきりとした光の境界（海にも広がっている光の大半は漁船の灯りだそうです）などは、国同士の経済格差や漁業権の違いを如実に表しています。日本国内に限っても、夜に光って見える面積の割合はたかだか数パーセント程度でしょう。

実はこの宇宙でも全く同じことが成り立っています。宇宙の中で光り輝いているのは太陽と同じ星ですが、それらが宇宙において占める割合は全質量のわずか1パーセント以下に過ぎません。それらの星は、地球上のすべての物質を構成している元素からできています。といっても、すべての元素が星と同じく光り輝いているわけではありません。そして、光り輝いているいないを問わず、元素からできている「普通の物質」をすべて集めたとしても宇宙の全質量の5パーセント程度でしかないこともわかっています。つまり宇宙の95パーセントは光らないどころが、われわれの知らない物質からなっているのです。これは、日本全土の総面積と夜に光って

［3］夜の日本列島周辺
提供…NASA Earth Observatory/NOAA NGDC

見える地域の面積との比率と似ています。

この、宇宙の95パーセントを占めているものが、ダークマターとダークエネルギーです。初っ端から耳慣れない単語が登場し、難しくなってきたなあと思われた方も、どうぞご安心ください。それらの正体は、私も知りません。それどころか今のところ世界中の誰も知りません。そもそも「ダーク」といった訳のわからない名前がついているのがその証拠です。ただし研究者の名誉のためにつけ加えておくならば、ダークマターは光を出さないけれども普通の物質（元素）と同じく万有引力（重力）が働く未知の素粒子、ダークエネルギーはアインシュタインが提唱した「宇宙定数」（宇宙全体を一様に満たしているエネルギー）であろうと予想されています。そしてこの予想が正しいのか、はたまた全く間違っているのかを検証するための実験や観測は1990年代から開始され、現在も世界中で研究が続けられています。

天文学は明るく輝く天体を観測する学問です。しかしその結果、宇宙の主役は天文観測では直接検出できないダークな成分であることがわかりました。つまり『夜来たる』が教えてくれた「われわれは何も知らなかった」そのものなのです。

この本では、数々の天体画像を眺めてもらいながら、より暗く、より遠くの天体を探し求める天文学という営みを紹介したいと思っています。それを通じてラガッシュの住人が気づいた「われわれは何も知らなかった」という感覚を皆さんにも追体験してもらえればと考えています。

2. ガリレオからTMTへ

SIDEREVS
NVNCIVS
MAGNA, LONGEQVE ADMIRABILIA
Spectacula pandens, suspiciendaque proponens
vnicuique, præsertim verò
PHILOSOPHIS, atq; ASTRONOMIS, quæ à
GALILEO GALILEO
PATRITIO FLORENTINO
Patauini Gymnasij Publico Mathematico
PERSPICILLI
Nuper à se reperti beneficio sunt obseruata in LVNÆ FACIE, FIXIS IN-
NVMERIS, LACTEO CIRCVLO, STELLIS NEBVLOSIS,
Apprime verò in
QVATVOR PLANETIS
Circa IOVIS Stellam disparibus interuallis, atque periodis, celeri-
tate mirabili circumuolutis; quos, nemini in hanc vsque
diem cognitos, nouissimè Author depræ-
hendit primus; atque
MEDICEA SIDERA
NVNCVPANDOS DECREVIT.
VENETIIS, Apud Thomam Baglionum. M DC X.
Superiorum Permissu, & Priuilegio.

[1] ガリレオが1610年に出版した『星界の報告』の最初のページ。筆者が2007年に英国エジンバラ王立天文台で国際会議を主催した際、天文台図書館において許可を得て撮影

古代ギリシャやメソポタミヤの人々は、自分たちの裸眼で直接星々を見ていました。それが天文学の始まりと言えます。とはいえ、天文学が飛躍的な発展を遂げるのは、望遠鏡の発明以降です。それ以来、今日に至るまで、望遠鏡の技術的進歩の積み重ねが天文学の発展を支えてきました。今では、人間の目で見える可視域のみならず、電波、赤外線、紫外線、X線、ガンマ線などの多波長の光、さらには光以外のニュートリノや重力波を検出する望遠鏡が広く用いられています。そこで今回は、ガリレオ・ガリレイに始まる望遠鏡の進歩の歴史を振り返りつつ、宇宙望遠鏡と大口径地上望遠鏡が切り拓くであろう天文学の未来を考えてみましょう。

［2］ガリレオが自作した望遠鏡
Photo Franca Principe, Museo Galileo, Firenze

［3］エドウィン・ハッブルが宇宙膨張を発見したフッカー望遠鏡
© Ken Spencer

［4］ハッブル宇宙望遠鏡
© European Space Agency

1608年、世界で初めての望遠鏡の特許がオランダで申請されました。当時のヨーロッパ諸国は激しい戦争の最中でしたから、軍事行動や航海のために遠くを見ることのできる望遠鏡は国にとって重要な発明であり、その製造技術は軍事機密とされました。しかしそのアイデアはすぐに広まり、翌年にはパリやミラノのような大都市では、倍率が3倍程度の望遠鏡が販売されるほどでした。その話を耳にしたガリレオ・ガリレイは、天体観測のための望遠鏡を自作することにしました。実物を見ることなく、数ヶ月間、試行錯誤しながら改良を加えた結果、1609年11月末には、全長93センチメートル、口径37ミリメートル、倍率20倍の、当時世界一の性能を誇る望遠鏡を作り上げました。このように世界初の「天体」望遠鏡は、ガリレオによって製作されたのです。

ガリレオは、この望遠鏡を用いた観測によって、

★月の表面は滑らかではなく凸凹している

★天の川は無数の星の集まりである

★木星はその周りを公転する四つの衛星を持っている

などの重要な発見を成し遂げ、1610年3月に出版した『星界の報告』で報告しています。

当時は、いわゆる天動説、すなわちすべての天体は地球を中心として回っているとする宇宙観が信じられていました（その例外がコペルニクスです）。また、月を含む

天上の世界は完全で不変なものとされていました。それによれば、天体は完全な球形であり、運動は完全な円軌道であるはずです。

しかし、月もまた地球のように表面には起伏があり、完全な球ではないというガリレオの発見は、天上界が完璧ではないことを意味します。また、木星が四つの「月」を従えながら一緒に運動している観測事実は、地球もまた月を伴いつつ太陽の周りを回っているとする地動説（太陽中心説）が成り立ちうることを示唆します（地動説に対するそれまでの反論の一つは、もし地球が太陽の周りを回っているならば、地球の周りを回っている月は地球から取り残されるはずだ、というものだったのです）。これらの結果から、ガリレオは天動説（地球中心説）を捨て、最終的にコペルニクスの地動説を認めるに至ったとされています。ここに、天体望遠鏡の進歩が宇宙観を塗り替えるという現代天文学の源流をみることができます。

それから約3世紀後、米国の天文学者エドウィン・ハッブルは、カリフォルニア州のウィルソン天文台で、当時世界最大の口径2・5メートルを誇ったフッカー望遠鏡を駆使して、星々の大集団である銀河という天体が数多くわれわれが住む天の川銀河の外にも存在すること（1924年）、さらにそれらは遠くにあるほど速い速度でわれわれから遠ざかっていること（1929年）を発見しました。特に後者は、宇宙が膨張している観測的証拠であり、ビッグバンモデルの基礎となっています。

地上からの天体観測は、大気越しになされますから、天体像を歪めたり暗くした

［５］ＪＷＳＴを囲んでポーズをとるエンジニア
©NASA/Chris Gunn

りといった悪影響から逃れられません。しかし、大気圏外に望遠鏡を打ち上げることができれば、観測精度が圧倒的に向上します。それを可視光で初めて実現したのがハッブル宇宙望遠鏡（Hubble Space Telescope…以下ＨＳＴ）です。１９９０年から観測を開始し、その高い角度分解能（ピントが合った写真を撮影できるという意味）で数々の謎を解き明かしてきました。

　とはいえ、宇宙望遠鏡には膨大な費用がかかりますし、打ち上げられる鏡の大きさも制限されます（ＨＳＴの口径は地上の望遠鏡では中程度となる２・４メートルしかありません）。そのために、大口径地上望遠鏡も相補的に大切な役割を果たします。日本がハワイ州ハワイ島マウナ・ケア山頂に建設したすばる望遠鏡は、全体が一枚の鏡からなる単一鏡としては世界最大の口径８・２メートルで、１９９９年に観測を始めました。その優れた性能のおかげで、宇宙最遠方の銀河から太陽系外惑星に至るまで、様々な発見を成し遂げてきました。さらに現在、宇宙のダークマターやダークエネルギーを探るための遠方銀河探査国際共同研究が、日本の主導のもとで進行中です。

　ＨＳＴに代わる宇宙天文台として２０２０年に打ち上げが予

［6］ＴＭＴ予想図
©国立天文台

定されているのが、右ページのジェイムスウェブ宇宙望遠鏡（James Webb Space Telescope…以下ＪＷＳＴ）です。これは、アメリカのアポロ計画の基礎を築いたジェイムス・ウェブ氏にちなんで命名されました。

　ＪＷＳＴの主鏡の口径は６・５メートルですが、そのままではさすがに大きすぎてロケットには収納できません。そこで六角形をした18枚の鏡に分割しておき、打ち上げ後にそれらを展開し敷き詰めて一枚になるよう設計されています。通常の宇宙望遠鏡の主鏡は探査機内に格納されており外から直接見えないのですが、ＪＷＳＴは主鏡がむき出しのまま飛行することになります。

　また、ＪＷＳＴは検出感度を上げるためにマイナス２２０度にまで冷却されます。そのため、地球に対して太陽とは反対向きに約１５０万キロメートル離れた位置を保ち地球とともに公転します。地上６００キロメートルの地球周回軌道に置かれたＨＳＴは、宇宙飛行士が4回もの装置の交換と改良を行ったおかげで、四半世紀以上にわたり優れた観測を継続できました。しかし、ＪＷＳＴの軌道は地球からは遠すぎるため、打ち上げ後の修理が不可能です。おかげで、難度が高く、これまでにない技術の開発が必要となり、当初の予定よりも多大な費用と時間がかかっています。

　これに対して、地上に設置される次世代超大型光学赤外線望遠鏡の代表的なものがハワイのマウナ・ケア山頂に建設中のＴＭＴ（Thirty Meter Telescope）で、文字通りその口径は30メートルです。ＴＭＴは、アメリカ、日本、カナダ、中国、インドの5カ国からなる国際共同プロジェクトで、総建設経費は約１５００億円。日本はその4分の1を分担する予定です。２０１4年に建設が開始されたのですが、マウナ・ケア山にあまりにも多くの大望遠鏡が集中して建設されていることに反対する一部の人々との間で訴訟が起き、建設が一旦中断しています。そのため、観測開始は予定より大幅に遅れて２０２4年以降となる見通しです。

ガリレオが製作したわずか口径4センチメートル足らずの望遠鏡と口径30メートルのＴＭＴを比較してみれば、その歴史と進歩が明らかでしょう。口径30メートルのＴＭＴを例とするならば、過去４００年余りで、望遠鏡が光を受け取る面積は50万倍以上に増えました。それとともに、人類の宇宙に対する理解も格段に進んでいます。スペースからのＪＷＳＴと地上からのＴＭＴを、存分に活用しながら観測することで、宇宙で最初に生まれた星や銀河、地球と同じく生命を宿している可能性がある惑星、ダークマターやダークエネルギーの正体の解明など、現在の宇宙像を塗り替える革命がもたらされることでしょう。「われわれは何も知らなかった」とつぶやくことのできる日はすぐそこまで来ています。

3. 織姫と彦星、そして昴《すばる》

皆さんは天の川をじっくり眺めたことがありますか？　「夜」が失われつつある都会では天の川を探すことすら難しいかもしれません。でも、私の故郷である高知県では今でも美しい天の川の姿をはっきりと見ることができます。

日本語の天の川は、漢語では銀の河、英語ではミルキー・ウェイ（乳白色の道）と呼ばれています。これらを比べてみると、私にはやっぱり「天の川」が一番詩的できれいな表現のように感じられます。

ではまずハワイ島マウナ・ケア山頂で撮影された写真を眺めて、「天の川」という言葉の意味を実感していただきましょう。

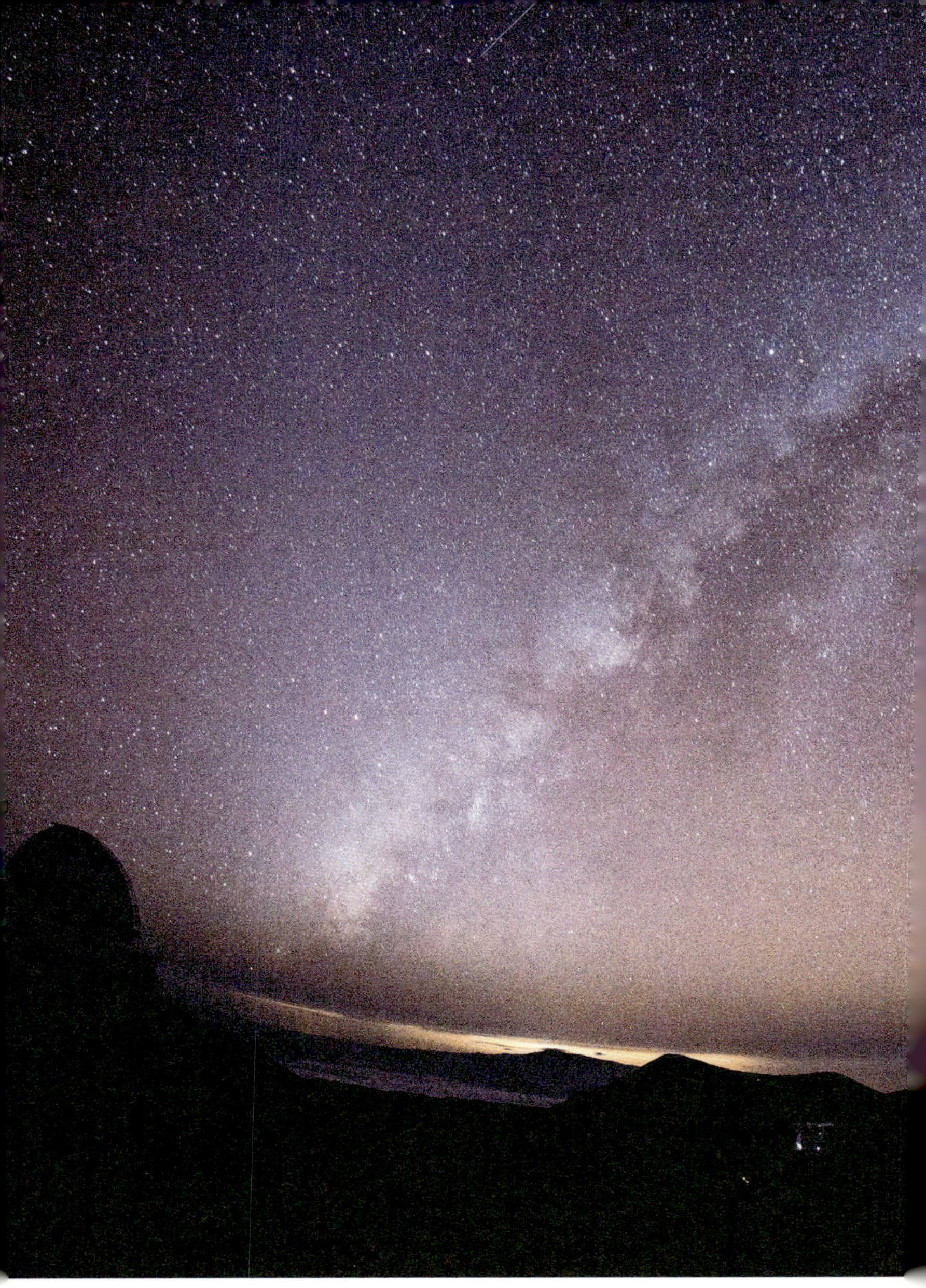

［1―28～29ページ］マウナ・ケア山頂から望む天の川
© Dr. Hideaki Fujiwara - Subaru Telescope, NAOJ.

天の川は、銀河系を構成している星々が夜空に織りなす分布地図です。しばしば混同されているようですが、星々の集団のことを指す「銀河」の中で、われわれが住む銀河のことを特に「銀河系」と呼びます。つまり、銀河は普通名詞、銀河系は固有名詞なのです。そして、銀河系は、天の川銀河、われわれの銀河、などと呼ばれることもあります。銀河系に属する星々は、薄い円盤状の領域に分布し、太陽系もまたこの円盤上に位置しているのですが、銀河系中心からはかなり離れています。そのため、太陽系の位置から銀河系中心方向を眺めると、この円盤上に分布する多くの星の光が重なって明るく見えるのです。これが天の川の正体です（注意深い人はその中心付近に、暗い帯状の領域があることに気づいたかもしれません。これは銀河系円盤内の塵が星々の光を吸収した結果、暗く見えているだけです。つまり、この領域に星が少ないわけではありません）。

とはいえ、夜空にかかる「天の川」を眺めただけでは、銀河系がどこまで広がっており、どのような全体像なのかを想像できないのは当然です。銀河系と宇宙の関係、言い換えれば、この銀河系が宇宙そのものなのか、あるいは銀河系は宇宙のごく一部分に過ぎず、その外にも別の銀河が多数存在しているのか。これは、1920年4月26日に米国アカデミーが開いた有名な討論会で議論されたほどの難問でした。1924年12月、エドウィン・ハッブルはフッカー望遠鏡を用いた観測に基づいてわれわれの銀河系の外に異なる銀河が存在することを示し、この論争に決着をつけました。つまり、銀河系と銀河、そして宇宙の関係が明確となってから、実はまだ100年しか経っていないのです。

ここで28〜29ページの写真に戻りましょう。天の川をはさんで位置している、明るい二つの星を見つけられるでしょうか。

これらが七夕で有名な、織姫と彦星です。織姫は、こと座アルファ星（こと座で最も明るい恒星という意味）であるベガの和名、彦星はわし座アルファ星であるアルタイルの和名です。この織姫と彦星が毎年一回7月7日に出会うというのが七夕伝説です。これはもともと中国から伝わったようですが、日本のみならず韓国、台湾、ベトナムなどでも、独自の行事として根づいているそうです。

天の川をはさんで互いにすぐ隣にあるように見える織姫と彦星ですが、実際にどのくらい離れているか、想像できますか。答えは、14・4光年です。1光年とは、この世の中で最も速く伝わる光の速度で1年間かかる距離です（具体的には約10兆キロメートルなのですが、そう言われても全くピンとこないことでしょう）。言い換えれば、仮に二人が携帯電話で会話しようとしても、自分の言葉が相手に届くまでに片道15年近くかかります（携帯電話は光の一種である電波を用いて通信するので、伝わる速さは光速です）。それに対する相手からの返事は、さらに15年待たなくては届きません。これでは毎年一度会えるどころか、お二人の遠距離恋愛が成就することすら楽ではなさそうです。

［2］昴を背景としたすばる望遠鏡
© Mr. Pablo McLoud - Subaru Telescope, NAOJ.

さて、清少納言が書いた『枕草子』には、「星はすばる、彦星、夕筒」（すばらしい星といえば、やはり、すばる、彦星、宵の明星だ）という有名な一節があります。すばる（昴）は、数十個の星々からなる星の集団で、世界的にはプレアデス星団として知られています。すばるに属する数個の明るい星は肉眼でも見えるため、世界各地の神話や伝説などにも取り上げられています。もちろん、日本の誇るすばる望遠鏡の名前の由来でもあります。右ページは、すばるを背景としたすばる望遠鏡です。中心付近の白く明るい天体は木星で、その上のほうに見える20個程度の星々の集まりがすばるです。

今回お見せした2枚の写真は、いずれもすばる望遠鏡があるハワイ島マウナ・ケア山頂で撮影されました。ハワイ観光で有名なのは、ホノルルのあるオアフ島ですが、ハワイ州を構成する主な八つの島と１００以上の小島の中で最大のものがハワイ島で、別名ビッグアイランド（大きな島）とも呼ばれています。天体観測で邪魔になるのは、大気、とりわけ水蒸気なので、すべての大望遠鏡は人間が住むには厳しいほど大気が薄く、乾燥した標高の高い場所に建設されます。その代表的な場所の一つが、ハワイ島のマウナ・ケア山頂で、標高は４２００メートルです。そのため、世界各国が10台以上の望遠鏡を設置し、さながら望遠鏡銀座となっています。今回お見せした天の川の写真の下のほうにも、望遠鏡を格納する建物がシルエットとして見えています。昼間の様子も次ページに示しておきましょう。

[3] 望遠鏡銀座(マウナ・ケア山頂)
©国立天文台

すばる望遠鏡で観測する際には、標高2800メートルにあるハレポハク中間宿泊所に宿泊することが義務づけられています(といっても、観測するのは夜ですから、朝方に山頂から下山し朝食後昼過ぎまで寝るという生活パターンが続きます)。これは酸素が薄い山頂に長時間滞在すると高山病になる危険があるためです。私も数回観測に行きました。あるとき一緒に観測をしていた学生が辛そうにして酸素マスクをつけて休憩していたので、「若いくせにだめだなあ」と自慢げに説教しました。ところが、現地のスタッフによれば、若い人ほど高山病になりやすいとのこと。考えてみれば当たり前なのですが、若者ほど新陳代謝が活発なため多くの酸素が必要です。一方、歳をとれば活動が衰えるため、さほど酸素を必要としなくなります。つまり、私は彼に比べて気力と体力がまさっていたわけでも何でもなく、単純に酸素があまりなくても生活できる年齢に達していただけのことだったようです。

さてすばる望遠鏡では週に1~2日、事前予約制で望遠鏡見学プログラムが実施されています。もしもハワイに行く機会があれば、ホノルルだけでなく、少し足を延ばして望遠鏡見学に挑戦してみてはどうでしょう。残念ながら(?)天文学者が望遠鏡で観測する時間帯を避けるため、見学は午後2時半には終了するとのことです。今回紹介したような見事な星空を眺めることはできませんが、世界的天文学研究最前線の現場を堪能できる絶好の機会です。もちろん、高山病には十分お気をつけください。

4. 地上600キロ空飛ぶ天文台

［1］地球周回軌道上のＨＳＴ
©NASA/ESA

私は飛行機が苦手です。どうしても時間がない場合を除いて、ふるさとの高知へはなるべく新幹線と土《ど》讃《さん》線を乗り継いで帰るようにしています。瀬戸大橋のおかげでかなり楽になったのは良いのですが、宇高連絡船のうどんが食べられないことだけはとても残念です（これを語り始めると長くなるので、もし興味がある方がいらしたら毎日新聞社から出ている拙著『三日月とクロワッサン』の中の「宇高連絡船のＵＤＯＮ」をお読みください）。

すでに第2回で述べた通り、天文望遠鏡もまた地上と宇宙の双方で、それぞれの特徴を生かしながら活躍しています。地上望遠鏡は地球の大気越しに天体を観測します。しかし、大気は場所ごとに密度や温度が時々刻々変化しています。そのために天体から光がぼやけてしまい、シャープな像を得ることはできません。夜空に輝く星々には大きさがあるように見えますが、それは星の光が大気を通過する際にゆれ動くために生じる見かけ上のぶれでしかなく、本当の大きさはずっと小さいのです。きらきら星、という言葉もあるように、星はまたたいて見えますが、それもまた同じ理由です。しかし、大気圏外に打ち上げられた宇宙望遠鏡ならば、大気に邪魔されることなく、格段にシャープかつ安定した画像が得られます。

ただし、宇宙望遠鏡の打ち上げはとても大変です。大きな予算を獲得し、多くの技術者と研究者が長い年月をかけて共同実験・開発を繰り返して初めて実現します。これに対して、地上望遠鏡は、個人が所有できる小規模なものからTMTのような大規模なものまで目的に合わせて自由にかつ比較的安価に建設できますし、必要に応じて修理や改修も可能です。

前回は地上望遠鏡のすばるについて書いたので、今回は数多い天文観測専用宇宙望遠鏡の中でも、ダントツに有名なハッブル宇宙望遠鏡（HST）を取り上げましょう。

地球を周回する軌道上に望遠鏡を打ち上げる可能性は、ドイツのロケット工学者ヘルマン・オーベルトが1923年に初めて論じました。1946年、アメリカの天文学者ライマン・スピッツァーは、地球の大気圏外で天文観測する利点を指摘した有名な論文を発表し、その後数十年にわたり、宇宙望遠鏡の実現に多大な貢献を行いました。彼を中心とする数多くの天文学者の努力の結果、アメリカ議会は1977年に宇宙望遠鏡計画の予算を承認、ついに建設が始まりました。この望遠鏡は、宇宙が膨張していることを発見したエドウィン・ハッブルにちなんで、1983年にハッブル宇宙望遠鏡と名づけられました。

そもそもHSTは、スペースシャトルによって地球周回軌道に投入されたのちも、当初想定された運用期間である15年の間に数回、再びスペースシャトルに乗った宇宙飛行士が直接保守点検・修理を行なうという前提のもとに開発が進められました。この有人修理こそ、他の宇宙望遠鏡に例を見ないHSTのユニークな点であり、実際、その後本質的な意味をもつことになります。

1986年1月28日、スペースシャトル・チャレンジャー号が発射直後に空中分解し、乗組員7名全員が亡くなるという悲惨な事故が起こりました。それによって、HSTの打ち上げ予定は大幅に遅れ、ディスカバリー号によってやっと打ち上げられたのは1990年4月24日のことでした。しかし観測開始直後、一部の装置の不良のために本来の性能を発揮できず、観測画像がすべてピンボケになってしまうという重大なミスが発覚しました。これでは、わざわざ宇宙に打ち上げた意味が全くありません。

そのため、アメリカ航空宇宙局（NASA）は、急遽、スペースシャトルで有人

［2］修理作業中の宇宙飛行士とＨＳＴ
©NASA/ESA

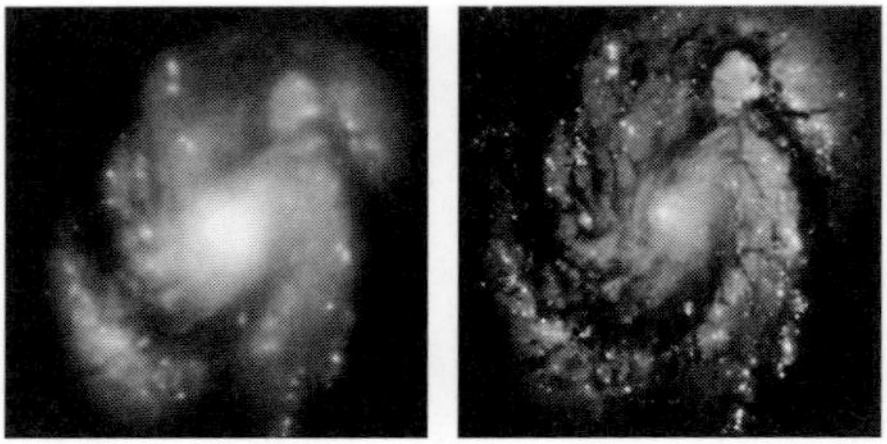

〔3〕修理前後のＨＳＴの銀河画像の比較

修理に向かうことを決定しました。ＨＳＴの「目」にコンタクトレンズを装着して視力を回復させることにしたのです。

１９９３年12月2日、スペースシャトル・エンデバー号が打ち上げられ、宇宙飛行士による約10日間の船外修理のおかげで、ＨＳＴは無事当初の予定された性能を達成できるようになりました。上の写真は、修理前後の渦巻銀河メシエ１００の画像比較です。まさに奇跡の大逆転というべき出来事だったことが一目瞭然ですね。スピッツァーの提案以来50年近くが経過して、人類は史上初の可視光宇宙望遠鏡を手に入れたのです。実はこの劇的なエピソードがＨＳＴを一層有名にしたとも言えます。

それ以来ＨＳＴは、無数の天体を観測し、天文学の歴史に残る多くの重要な発見を成し遂げてきました。さらに、１９９７年2月と１９９９年12月のディスカバリー号、２００２年3月のコロンビア号によって、有人保守・修理を実行し、観測性能を向上させてきました。しかし残念なことに、２００３年2月1日、コロンビア号が大気圏再突入時に空中分解し乗員全員が亡くなるという大惨事が再び起きてしまいます。その結果、スペースシャトルの打ち上げ計画は凍結され、それにともないＮＡＳＡは２００４年、今後ＨＳＴの有人修理は行わないと決定しました。

ところがこの決定に対して世界中の天文学者が一致団結して反対し、ＨＳＴ継続の重要性を訴えた結果、２００６年、ＮＡＳＡは方針転換を発表し、２００９年5

月にアトランティス号が、通算5回目かつ最後とされる有人修理を行いました。

高い角度分解能を生かしたHSTの発見のうち、代表的なものをいくつかあげておきましょう。まず、HSTは、以前には2倍程度もの誤差があった宇宙の膨張率を1割以下の精度で決定しました。この結果、宇宙の年齢も1割以内の精度で決まり、現在の精密宇宙論を切り拓く契機となりました。また、ほとんどの銀河がその中心に巨大ブラックホールをもつことを明らかにし、銀河はその中心部の巨大ブラックホールと一緒に成長するという「共進化」と呼ばれる描像を確立しました。さらに最初に発見されたトランジット惑星（85ページからの第10回を参照）が、ナトリウム、炭素、酸素、水素を含む大気をまとっていることを発見しました。重力レンズ現象（125ページからの第15回を参照）から、宇宙には大量のダークマターが満ちていることを証明しました。さらに、2011年のノーベル物理学賞の対象となった「宇宙の加速膨張」の発見においても、HSTの高角度分解能データは本質的な役割を果たし、宇宙は、ダークマターのみならずダークエネルギーに支配されていることを明らかにしました。

このように現在の天文学は、もはやHSTなしにありえないと言えるほどです。といっても打ち上げ以後すでに30年が経過しているHSTが老朽化していることは事実です。そしてその後継機となるのが25ページで紹介したJWSTなのです。

これらのHSTの歴史を踏まえて、もう一度前見開きの写真をじっと眺めれば、

［4］地球を周回するＨＳＴ
©NASA

［5］ＨＳＴ、地球、月
©NASA

[8]

[6]

[7]

[6・7・8] HSTと宇宙飛行士
© NASA & ESA
© NASA

[9] HSTと宇宙
© NASA

また別の感慨が湧いてくるのではないでしょうか。背景に見えている地球の美しさも格別ですが、修理のためにスペースシャトルの船外で活動をしている宇宙飛行士の姿にはさらに胸を打たれます。宇宙の果てを探りたいという人類の知的好奇心は、危険を顧みない彼らの勇気と実行力によって支えられていることが実感できます。

この回の冒頭でお見せしたのは、地球の上空600キロメートル付近の軌道上にあるHSTです。HSTは、約100分弱で地球の周りを公転しながら、文字通り昼夜を問わず、それどころか本来は15年のはずだった運用期間をはるかに越え、文句一つ言わずに、30年以上にわたって全天を観測し続けてくれています。

HSTはもとより、飛行機が怖いなどと言っている臆病な私とは比較にならない勇気と責任感を持った人たちのおかげで、現代科学が支えられていることを思い知らされます。

5. 土星から見た地球

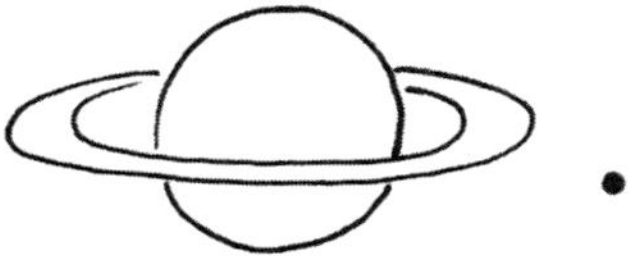

宇宙に関する講演後にしばしば尋ねられる質問が「宇宙人はいますか？」です。残念ながら今のところ、その正解は誰も知りません。でも、「実際に発見できるかどうかは別として、この広い宇宙のどこかには存在していると思います」と答える天文学者は多いことと思います。私もその一人です。

日中から人目をはばからず「宇宙人がいる」と堂々と言ってのける人間はかなり危なそうです。私ですら、「決してむやみに信じてはなりませんよ」と言いたくなります。でもこれは、「宇宙人を見たことがある」とか「幽霊がいる」などといった主張とは全く意味が違うことだけは強調しておきたいと思います。

［1］カッシーニ衛星からの画像
© NASA/JPL-Caltech/Space Science Institute

皆さんも、「宇宙人はすでに地球に来ている」といった類いの話を耳にしたことがあるかもしれません。しかし、科学的事実に基づいた話は、少なくとも現時点では、何一つありません。また、幽霊の存在は、現代科学とは明らかに矛盾しています。心理学的な理由でそう思い込むことはあるでしょうし、信じること自体は個人の自由ですが、科学的にはあり得ません。

一方これに対して、宇宙人、すなわち、自分の星を飛び出して宇宙に進出できるほどの高度文明を発展させた知的生命の存在自体は、科学的には何もおかしな話ではありません。そもそもわれわれ人類がその一例なのですから。

わが地球は、太陽とともに今から約46億年前に生まれました。地球で最初の原始的生命が誕生したのはそれから約10億年後だと考えられています。しかしそれらが進化し人類の祖先が誕生したのは今から100万年ほど前。宇宙へ探査機を飛ばすことができるだけの高度な科学文明を手にしたのは、わずかこの100年以内のことでしかありません。

その現代文明にしてもいつまで続くかはわかりません。地球上の資源の枯渇、未知の病原菌による大量絶滅、さらには考えたくもないですが一部の愚かな為政者が引き起こすかも知れない核戦争、などなど。これらを考慮すれば、現代の地球レベルの高度文明はあと数百年程度しか存続し得ないとの悲観的な推定もあります。

とすれば、仮に太陽系と全く同じ惑星系が存在したとしても、この瞬間そこにたまたま高度な文明が栄えている確率は、46億年中の数百年、すなわちたった1千万分の1に過ぎないものと予想されます。この大雑把な推定からだけでも、ある意味で正反対の興味深い二つの結論が導かれます。

一つは、宇宙人の存在を確認するのは極めて難しいとの悲観的な見方。太陽系のように生命を宿す条件を満たす惑星系を1000万個以上も観測しない限りは、宇宙人が存在する惑星系は発見できないというわけです。

もう一つは全く逆の楽観的な解釈。われわれが住むこの天の川銀河系には、約1000億個の恒星があります。仮にそれらがすべて太陽系のような惑星系だとすれば、1000億個の1000万分の1、すなわち1万個の「高度文明が発達した惑星」があってもよいことになります。さらに、われわれが観測できる138億光年以内の宇宙に範囲を広げてみれば、天の川と同じような銀河が約1000億個あると考えられています。とすれば、実際に観測できるかどうかはさておき、この宇宙全体では1万×1000億=1000兆個もの独立な知的文明が存在するかもしれません。上記の推定がかなり不正確であるのは事実ですが、1000兆個が0になることはなさそうです。

ここまで読んでいただければ、「この宇宙のどこかに宇宙人はいるでしょうか」との問いに、「存在していると思います」と答えたくなる天文学者の気持ちがわかってもらえるのではないでしょうか。とはいえ、「存在する」と「実際に発見できる」

［2］土星の環と衛星
© NASA/JPL-Caltech/Space Science Institute

には雲泥の差があります。その困難さを実感させてくれるのが、46〜47ページに掲げた写真です。そこに写っているのは何か、すぐにはわからないことでしょう。ヒントは、太陽系内の惑星です。右上に見えている幾重にも重なった溝から想像できるものと言えば……そう、これは土星とその環《わ》なのです。

1997年に打ち上げられた米国の土星探査機カッシーニは、2017年9月15日に土星の大気圏に突入し燃え尽きるまで、土星とその環、衛星を観測し続けました。この画像は、太陽がちょうど土星の後ろにすっぽりと隠れる位置にカッシーニがいる際に、太陽の背景光越しに写した土星です。左上にある4分の1の黒い円が土星のシルエットなのですが、それよりも、太陽の光によって木漏れ日のように照らし出された環の美しさのほうに目を奪われることでしょう。

しかしここで本当に注目して欲しいのは、それらではなく、環のずっと下にある小さな明るい点のほうなのです。一体何なのか、わかりますか？　もう少しわかりやすいように、その領域を拡大した左の写真も眺めて考えてください。

答えはわが地球です。拡大写真には、地球だけでなくその周りを回っている月までもはっきりと写っていますね。この写真は、日本時間の2013年7月20日午前6時頃に撮影されました。カッシーニを運用している米国航空宇宙局が、事前にこの撮影予定を公表し、イベントとして呼びかけていたおかげで、この瞬間に2万人を超えるアメリカ人が、土星に向けて手を振っていたようです。いかにもアメリカ

［3］カッシーニ衛星が見た地球と月
©NASA/JPL-Caltech/Space Science Institute

らしい茶目っ気溢れたキャンペーンだと思いませんか。

とはいえこの白い点には、手を振る彼らはおろか、地球上に溢れているはずの文明や生命の証拠は何一つ見い出せません。つまり、この写真は、地球以外で生命を宿す天体を科学的に発見することの本質的な難しさを同時に示しているわけです。

この撮影時、カッシーニと地球との距離は14・4億キロメートルです。言い換えると、データを伝える光の信号が地球に届くまでに約90分かかっています。これは随分遠くのように思えますが、実はそうではありません。すでに発見されている数千個もの太陽系外惑星系は、いずれもこの土星から見た地球に比べて桁違いに遠い、数光年から数百光年だけ先にあるのです。したがって、「宇宙人」の観測的発見は、この画像よりもさらに桁違いに困難だと言わざるを得ません。

とはいえ、「困難」と「不可能」が必ずしも同じではないことはご存知の通り。だからこそ、数多くの天文学者が、生命そして文明が存在する「もう一つの地球」を発見するために日夜知恵を絞って研究しているわけです。その発見はまだしばらくは現実的には期待できないでしょう。しかし、もしそれが発見されたならば、その先には、「われわれは何も知らなかった」に代表される途方もない世界観の大変革が控えているはずです。逆にその時代がやってくるまでは、この画像をじっくり鑑賞しつつ、あれやこれやと想像して楽しむ自由がわれわれ一人ひとりに委ねられています。どうぞお試しあれ。

6. 土星の衛星の世界

[1] 土星の夜
©NASA/JPL-Caltech/Space Science Institute

太陽系の天体の中で圧倒的な人気の高さを誇るのは、何と言っても前回取り上げた土星、特にチャーミングで大きなその環でしょう。その環は、さすがに肉眼では困難ですが、小さい望遠鏡でも簡単に見つけることができます。天文少年からはほど遠かった私ですら、30歳近くになって初めて友人の望遠鏡を覗いて土星の環を見せてもらった時、とても感激したことを覚えています。

第2回で紹介した初めて天体観測用の望遠鏡を製作したガリレオ・ガリレイは、1610年に土星を観測し、土星には「耳」があることを発見しました。ただし彼はそれが環だとは気づかなかったようです。

その後、多くの学者が土星を観測しますが、ガリレオが「耳」と表現したものが、実は土星を取り巻く「環」であると見抜いたのは、望遠鏡の性能向上に成功したオランダの科学者、クリスティアーン・ホイヘンスだとされています（1655年）。さらにちなみに、彼は同年、土星の最大の衛星であるタイタンも発見しています。さらに1675年、イタリア出身でフランスに帰化した天文学者ジョバンニ・カッシーニは、土星の環の中に同心円状の暗い隙間があることを発見しました。これは現在、カッシーニの間隙《かんげき》として知られています。

1997年10月15日、アメリカ航空宇宙局と欧州宇宙機関は、土星の詳細な観測のために探査機カッシーニを打ち上げました。その後カッシーニは7年かけて、2004年6月30日にようやく土星の周りを回る軌道に到達し、同年12月24日に、搭載していた小型探査機ホイヘンスをタイタンに向けて投下しました。ホイヘンスは、2005年1月にパラシュートを使ってタイタンの大気中をゆっくりと降下、その凍った表面（温度は、摂氏マイナス180度からマイナス100度程度だと推定されています）へ着陸するまでに数多くの写真を撮影しました。

ホイヘンスはタイタンの干上がった湖床のような場所に着陸したと考えられており、その周りには石あるいは何かの氷塊のようなものが散らばっているように見えます。日本の山奥の川辺あたりに行けば、これと似たような場所を見つけることが

［2］降下中のホイヘンスが撮影したタイタンの表面
©ESA/NASA/JPL/University of Arizona

［3］降下中のホイヘンスが撮影したタイタンの表面

できるかもしれません。それらの成分は別として、タイタンの表面には地球と似た風景が広がっているようです。

本書に登場する宇宙の写真には、いかにコンピュータグラフィックを駆使しようと再現できないほど美しい天体画像と、一見しただけではあまりきれいとは思えない粗い画像の、異なる2種類が混在しています。前者は、自然界がわれわれの芸術センスを上回る美しさを内在していることを示しています。一方で、その時点での技術の限界に挑戦するような観測から得られた後者の場合は、正直パッと見て目を奪われる美しさがあるわけではありません。しかし、一旦、その画像が持つ科学的意味を理解すれば、そこに潜んでいる真の美しさが伝わって来るはずです。これは人工調味料に慣れすぎた現代人の味覚とも共通しているかもしれません。いずれにせよ、約15億キロメートル先にあるタイタンの景色を楽しんでほしいと思います。

カッシーニは約10年間にわたり土星を周回し、多くのデータを地球に送り続けました。それらから得られた重要な成果のいくつかを列挙しておきましょう。

★ホイヘンスをタイタンに着陸させ、その地表の撮影に初めて成功
★タイタンに液体メタンあるいはエタンを成分とする湖と海、さらに砂漠（砂ではなく氷の表面に炭化水素が付着したものだと考えられる）を発見
★タイタンに液体メタンの雨が降ることを確認
★新たな土星の衛星を七つ発見

★土星の環は常に活発に変化し続けていることを発見
★土星から眺めた地球の写真を撮影
★土星の衛星の一つであるエンケラドスに、液体の水からなる地下海の証拠があることを発見し、地球以外で微生物が生息する可能性があることを示した

カッシーニは、２０１７年9月15日に土星の大気圏に突入し燃え尽き、その使命を無事終えました。燃え尽きなければならなかった理由は、探査機本体に付着しているかもしれない地球由来の微生物を、土星やその衛星にもちこむことを防ぐためです。仮にそこに地球とは全く異なる微生物が存在していたとすれば、地球の微生物をもちこむことは重大な環境破壊です。のみならず、将来そこに微生物が発見されたとした場合、それらが地球からのカッシーニによってもたらされた可能性が否定できないのでは困ります。このように、将来の生命探査研究のためにも、使命を終えたカッシーニを完全に燃やし尽くしておく必要があったのです。

さて、そのカッシーニは、土星大気に突入して燃え尽きるまでの2時間あまりで約80枚の土星の写真を撮影しました。実は前回紹介した50ページの画像はそれらのうち42枚を合成してつくられたものです。そこにはかすかではありますが、土星の衛星のいくつかが写っています。次ページの上段はそれらの衛星をカッシーニが観測した際のズームアップ写真です。衛星はサイズが小さくなるほどきれいな球形か

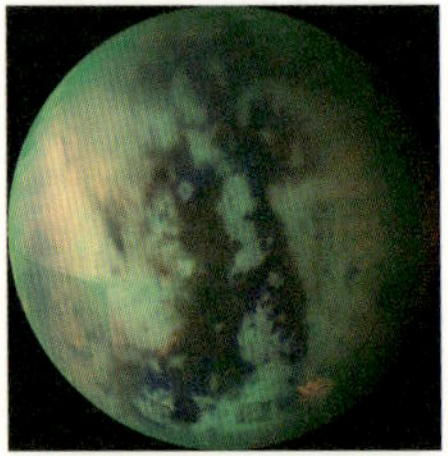

[4] タイタン
© NASA/JPL/University of Arizona/University of Idaho
直径 (km)…5151

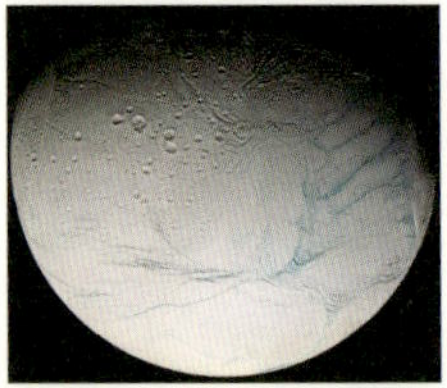

[5] エンケラドス
© NASA/JPL/Space Science Institute
大きさ (km)…513×503×497

[6] ミマス
© NASA/JPL-Caltech/Space Science Institute
大きさ (km)…415×394×381

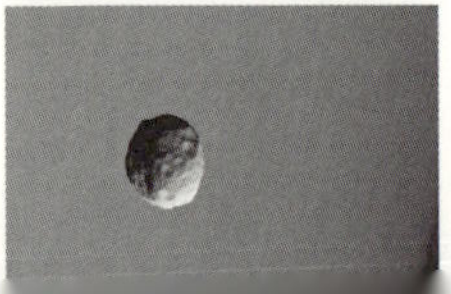

[7] ヤヌス
© NASA/JPL/Space Science Institute
大きさ (km)…193×173×137

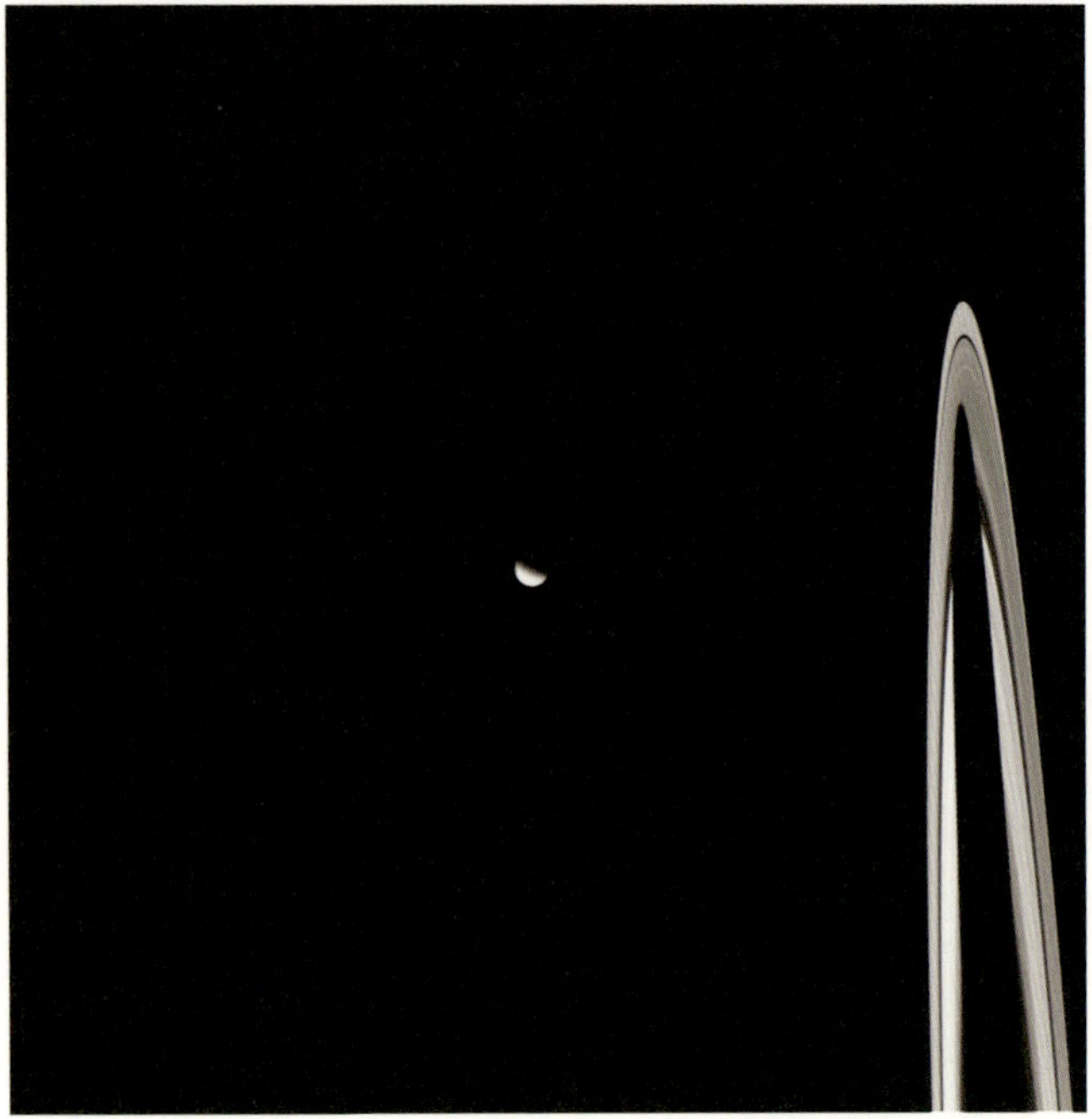

[11] 土星の環の上に浮かぶ衛星タイタン
©NASA/JPL-Caltech/Space Science Institute

［8］エピメテウス
© NASA/JPL/Space Science Institute
大きさ（km）…135×108×105

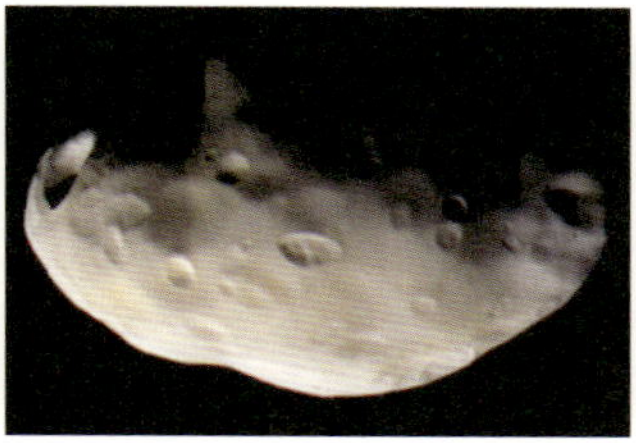

［9］パンドラ
©NASA/JPL/Space Science Institute
大きさ（km）…103×79×64

［10］プロメテウス
©NASA/JPL-Caltech/Space Science Institute
大きさ（km）…119×87×61

・タイタン

・エンケラドス

・ミマス

・エピメテウス、ヤヌス

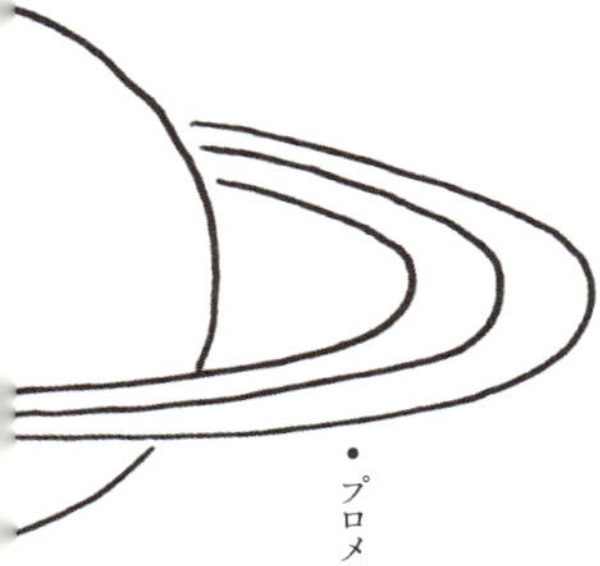

・プロメテウス、パンドラ

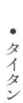

らずれ、いびつな面白い形をしていることがよくわかりますね。土星の環および衛星がどのようにして誕生したかはまだよくわかっておらず、活発な研究が行われています。カッシーニとホイヘンスが提供した多くのデータは、そのためにとても有用なものでした。

それにしても、この太陽系の果てにある地球と全く異なる惑星の世界を、直接知ることができる時代になっているとは本当に驚きです。今回の数々の写真を眺めていると、摂氏マイナス180度の極寒の世界が実感できてくる気がします。土星に比べてはるかに快適な暖かさを提供してくれる地球、中でも高知県に感謝したくなりました。

7. カール・セーガンの遺産

地球外生命の存在を科学的に証明することは決して易しくありません。その方法論を考えた先駆者の一人が、アメリカの惑星科学者カール・セーガンです。彼のSF小説を原作とする映画『コンタクト』（1997年）では、ジョディ・フォスター演ずる主人公が「地球人だけじゃ、この広い宇宙がもったいない」という父親の言葉に影響を受け天文学者となります。その後、幾多の偏見と妨害を受けながらついに地球外文明からの電波信号を検出しますが、結局正当な評価を受けることはありませんでした。にもかかわらず最終場面で、彼女が子どもたちに語る地球外文明探査への熱い思いは、セーガンの信念そのものでしょう。

[1] カール・セーガン（1934〜1996）アメリカの天文学者であり作家。NASAの惑星探査計画の多くに関わり、地球外生命体探査における先駆的な業績で知られる

私と同世代以上の方は、1980年に日本でも放映されたアメリカのテレビ番組シリーズ「コスモス」を覚えているのではないでしょうか。私は大学生の頃、毎晩夜10時から放映された全13回のこの番組を食い入るように見て、大きな感銘をうけました。セーガンはこの番組の監修者として、一躍世界中で有名になります。その後、核戦争や地球環境に関する社会的発信、科学の意義をわかりやすく伝える多くの評論や小説の執筆など、幅広い分野で活躍しました。1996年に亡くなりましたが、現在に至るまで世界中の人々に大きな影響を与え続けています。

もちろん、セーガンが優れた研究者であることは言うまでもありません。とりわけ、20世紀後半にアメリカが行った太陽系内無人探査プロジェクトのほぼすべてにおいて、彼は指導的な役割を果たしました。そのおかげで、それらのプロジェクトには一貫して地球外生命探査という問題意識が明確に埋め込まれています。パイオニア10号（1972年打ち上げ）と11号（1973年打ち上げ）は、木星と土星に初めて接近し、その観測に成功しました。セーガンは、これらに地球外生命へのメッセージを記した金属板を搭載して太陽系外に届けることを提案し、実際に採択されました。それらは決して単なる過去の研究例ではなく、今後の地球外生命探査に向けた具体的な研究の方法論そのものだといえます。

ボイジャー1号（1977年9月5日打ち上げ）は、1979年に木星系、1980年に土星系に到達、宇宙探査機としてそれらの詳細な画像の撮影に初めて成功し、

［2］1973年12月4日、NASAのパイオニア10号が撮影した木星の画像
提供…NASA

当初の目的を果たして１９８０年11月20日に無事に任務を完了しました。その後は、土星以遠、さらには太陽系の外へと運行を継続します。そこでセーガンは、ボイジャー1号から地球の写真を撮影することを提案しました。その写真は科学的にはほとんど価値がないかもしれないが、人々にこの宇宙における地球の存在という深い視点を与えてくれるはずだと指摘したのです。

しかし、その距離から振り返って地球を撮影すると、近くにある太陽の強い光のために探査機のカメラを損傷させてしまう危険性があります。それを防ぐ技術的な検討が大きな課題でした。そのため、発案後10年が経過した１９９０年2月14日から6月6日にかけて、やっと撮影が実現しました。

当時、ボイジャー1号はすでに冥王星より遠い約60億キロメートルを飛行中でした（現在は、太陽から約２００億キロメートル離れたところを飛行中で、地球から最も遠くにある人工物体となっています）。そこから計60枚の太陽系惑星写真を撮影しました。その信号は、5時間半程度かけて地球に届けられました。

左ページの画像は、紫、青、緑の3色で撮影した画像を合成したものです。太陽が明るすぎるため、その散乱光が見かけ上の三つの帯状イメージとして見えていますが、その右端の帯の中に、微かな地球の姿を認めることができます。この画像は全部で64万ピクセルですが、地球の大きさはその1ピクセルよりも小さく、まさに点でしかありません。また地球を包む大気の影響で青っぽく見えています。

［3］ペイル・ブルー・ドット
©NASA JP:

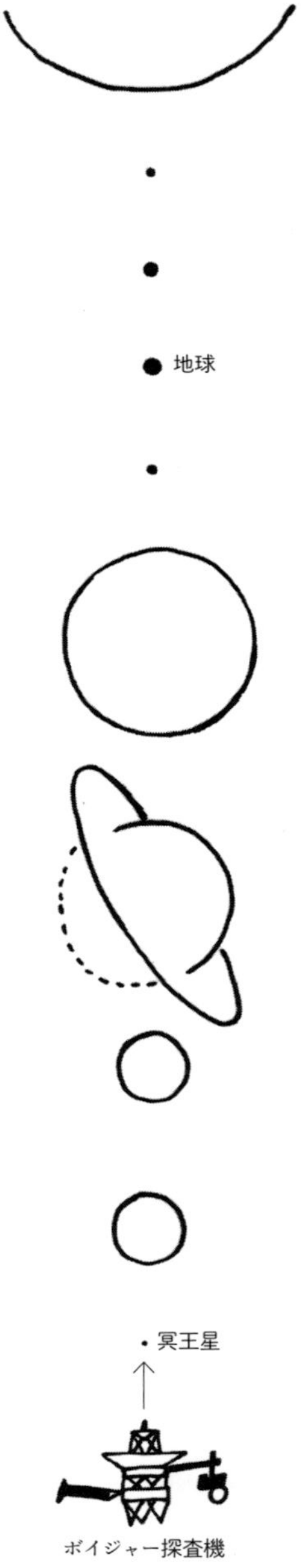

［4］冥王星から約60億キロメートルのところを飛行中に撮影

そのため、セーガンはこの地球の姿を表して、ペイル・ブルー・ドット（淡く青い点）と名づけました。以来、この単語は、宇宙における地球の存在を指す代名詞として広く用いられています。一見しただけでは退屈な画像でしかないと思うかもしれません。しかしそれは、この地球も広い宇宙から見ればちっぽけな存在に過ぎないこと、逆にそのようなちっぽけな天体にすら高度に知的な文明が繁栄し得ること、この二つの普遍的事実を語りかけてくれます。そう思って眺めれば、この粗い画像がもつ真の美しさが伝わってくるのではないでしょうか。

太陽系内天体であれば、探査機を打ち上げて近くから生命の兆候を撮影する、さらにはサンプルを持ち帰ることができるかもしれません。しかし太陽系外天体となると、遠方からの撮影データを組み合わせて推測するしかありません。ガリレオ探査機（１９８９年打ち上げ）は、地球の重力を利用するスイングバイという現象を利用して、木星に到達しました。セーガンは、このスイングバイ時（１９９０年12月8日）にガリレオ探査機から地球のデータを収集し、生命の兆候が検出可能なのか調べる提案をしました。むろん、これは将来の太陽系外天体の生命探査を念頭においた、模擬観測実験なのです。

その結果、セーガンは、地球には他の太陽系内惑星には見られない

★大量の気体酸素とメタン（これらは地球上の生命が生成している）
★植物の葉のレッドエッジ（赤外線側で急激に反射率が増大する性質）
★通信のための人工電波

の三つの著しい特徴が、探査機から検出できることを示しました。つまり、セーガンは遠方の観測データから「地球には生命、しかもおそらくは高度に知的な生命が存在する」ことを証明したのです！　当時よりも、むしろ系外惑星の存在が確立した現在から見て初めて、その先駆性が理解できるのではないかと思えるほどです。

地球外生命の存在の科学的証明。これは間違いなく21世紀の科学における最も重要な目標です。それがいつどのような形で実現するかは全く予測できません。にもかかわらず、人類がこの宇宙をより深く知りたいという好奇心を持ち続ける限り、

［5］ボイジャー1号機
提供…NASA/JPL-Caltech

いつかは証明されるものと私は信じています。そして、セーガンはその具体的な道筋を確立した偉大なる先駆者に他なりません。

8. 宇宙人へのメッセージ

地球外天体に何らかの生物の兆候を探すことは、天文学者がもつ秘めた野望の一つですが、同時にハイリスク・ハイリターンなテーマであるのも確かです。

例えばこの地球の大気には、大量の酸素が存在します。これは生物の光合成の結果だと考えられています。また大気中のメタンのほとんどは、微生物の発酵によるものです。つまり生物なしにはこれらがなぜ存在しているか説明が難しいのです。同様に、遠くの惑星の大気成分を詳しく調べ、大量の酸素やメタンが検出されたならば、そこに何らかの生物が存在している可能性が高いと結論できます。これらと

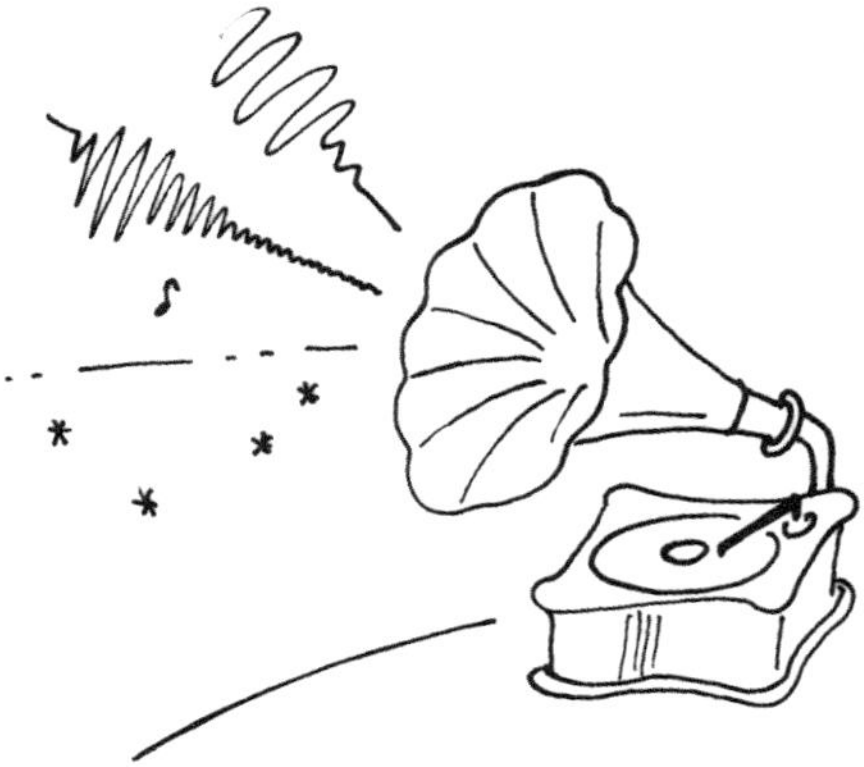

は独立な方法として、私は系外惑星の表面を大量に覆う植物の葉っぱによるレッドエッジを検出できないか研究しています。

実はこれは前回すでに述べたように、カール・セーガンがガリレオ探査機を用いて地球を例として試した方法論そのもので、現在の観測技術がもう少し進歩すれば実現可能だと期待されています。しかしそれらが生物存在の決定的証拠であるとまでは言えません。生物由来でない酸素やメタン、さらにはレッドエッジに似た信号があり得るからです。そのためこのような「地味な」方法ではなく、いっそのこと高度地球外文明からの交信信号を検出しようという、さらに野心的というか、超ハイリスク・ハイリターンな試みもまた古くからなされています。

この地球の文明は電磁波を用いた交信によって飛躍的に進歩しました。電磁波は周波数が低いほど物質に邪魔されず遠方まで届くという性質があります。そのため、地球外文明が地球へ信号を送るならば、可視光ではなく電波を用いることでしょう。実際、皆さんがお世話になっている携帯電話は0・77から2・5ギガヘルツの周波数の電波を用いています。このため、いわゆるSETI（Search for Extra-Terrestrial Intelligence…地球外知的生命体探査）は、電波天文学から始まりました。

1960年、米国電波天文台にいたフランク・ドレイクは、4ヶ月にわたって毎日6時間、口径26メートルの電波望遠鏡を、くじら座タウ星とエリダヌス座イプシロン星の方向に向け、中性水素の放射する波長21センチメートル（周波数1・42ギガヘルツ）帯に、高度な文明の証拠となりうる規則的な電波信号が紛れ込んでいないかを調べました。これはオズマ計画と名づけられ、（もちろん）信号の検出はできなかったものの大きな反響を呼びました。

１９８４年、トーマス・ピアソンは、大学と共同しつつ独立にＳＥＴＩ研究を遂行できる機関として非営利団体ＳＥＴＩ研究所を設立しました。ところが、１９９３年に一部の科学者たちからの激しい反対運動の結果、米国航空宇宙局はＳＥＴＩ研究に対する研究費の拠出を中止しました。そのためピアソンは、ヒューレット・パッカードの創始者であるデイビッド・パッカードとウイリアム・ヒューレット、それにインテルの創始者の一人であるゴードン・ムーア、マイクロ・ソフトの創始者の一人であるポール・アレンらに代表される著名人たちから多額の個人献金を得て、１９９５年から２００４年まで公的研究費に頼らずフェニックス計画を遂行しました（ちなみにアレンはＳＥＴＩ研究所に対して総額３０００万ドル近い寄付をしました。現在の為替レートで約30億円になります）。２００光年以内の星８００個からの電波信号を探査しましたが、地球外文明からの信号と思しきものはなく、「われわれは閑静な場所に住んでいる」と結論しました。

特定の天体からの信号を探査するのではなく、地球から四方八方に信号を発し、それを受信した知的文明から返事をもらうほうが手っ取り早いのでは、と考える人もいるかもしれません。カール・セーガンはドレイクとともに、１９７２年と

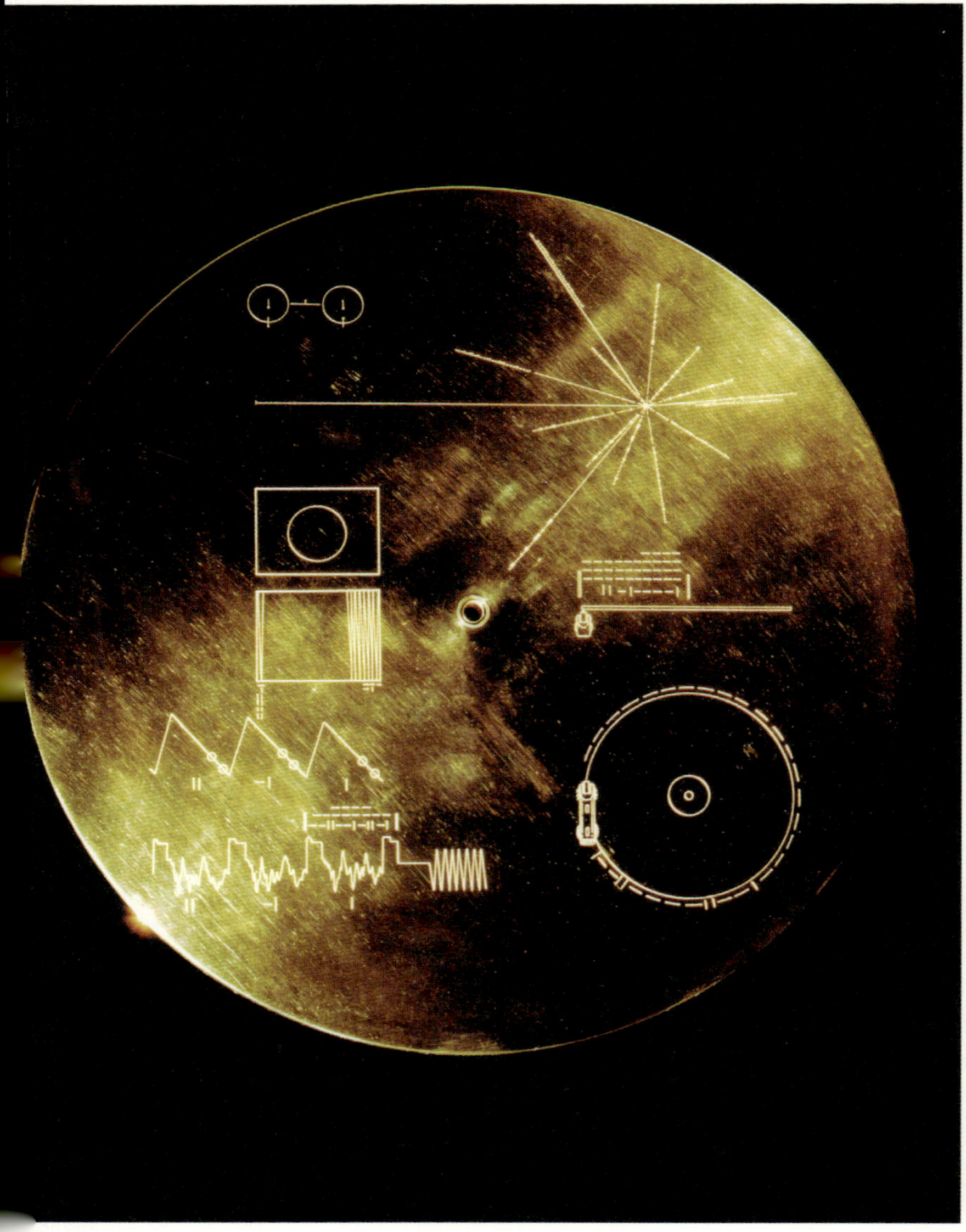

THE
SOUNDS
OF
EARTH
UNITED STATES OF AMERICA
PLANET EARTH

［1｜72～73ページ］ボイジャー探査機に搭載されたレコード盤
©NASA/JPL-Caltech

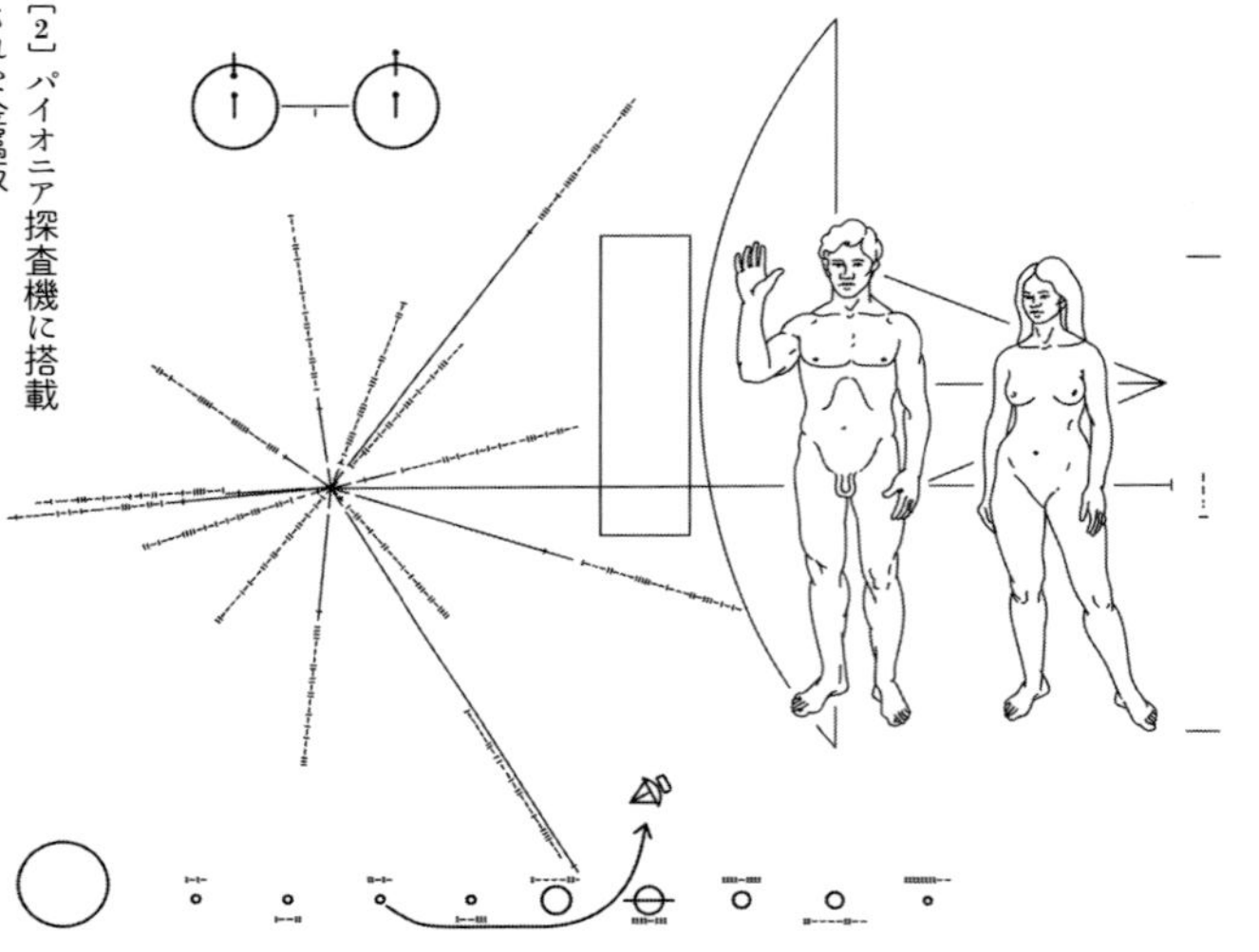

［2］パイオニア探査機に搭載された金属板

1973年に打ち上げられた宇宙探査機パイオニア10号・11号に金属板を取りつけました。

これは地球人類から宇宙へ向けて送られた初めてのメッセージ板です（上図）。

その図には、中性水素原子が放射する電波（水素原子の中心にある陽子と、その周りを運動している電子は、どちらもスピンと呼ばれる自転角運動量をもっています。それらは上向きと下向きの二つの値しか取れません。そして、互いに向きを変える際に波長21センチメートルの電波を放出したり逆に吸収したりします。これは宇宙で共通の自然法則で決まっているので、高度知的文明であればこの図の意味がわかるだろうというわけです）、男女の後ろにパイオニア探査機の概形、さらに当時知られていた14個のパルサー（中性子星）の位置が放射状の線として描かれています。最下部には太陽系が描かれ、パイオニア探査機が地球から木星を超えて太陽系を脱出するミッションであることを示しています。

1977年に打ち上げられ、ペイル・ブルー・ドットを撮影したボイジャー探査機にも、同様にレコード盤（通称ゴールデンレコード）が搭載され、そこには115枚の画像、多くの自然音、音楽、55ヶ国語の挨拶などが収められています。その金色の盤が72～73ページの画像です。

さらにドレイクは、1974年11月16日、プエルト・リコにあるアレシボ電波望遠鏡から、約2万5000光年離れた球状星団M13に向けて電波信号を送りました。これはアレシボ・メッセージと呼ばれ、1から10までの数字、DNA、人間、太陽系、望遠鏡に関する情報が含まれています。ドレイクは、それによって、この地球に知的文明が存在することを伝えようとしたのです。ただし当時からこのような試みに反対する科学者も多くいました。2015年2月の米国科学振興協会会合でも議論され、地球外文明へ向けて信号を送る行為は、十分議論を尽くした上で慎重になされるべきだという意見が大勢を占めました。そもそも地球外知的文明が存在しなければ、そのような試みは無害であるとはいえ、同時に無意味でもあります。

一方、仮に本当に存在したとすれば、「彼ら」がこの地球文明に対して友好的である保証など全くありません。とすれば、「彼ら」に「善良な地球人」の存在をわざわざ教えてしまうのは、将来の地球文明を滅亡させかねない極めて軽率で危険な行動だというわけです。

ＳＥＴＩはあくまでもＳＦ小説や映画の中だけの話だと思わ

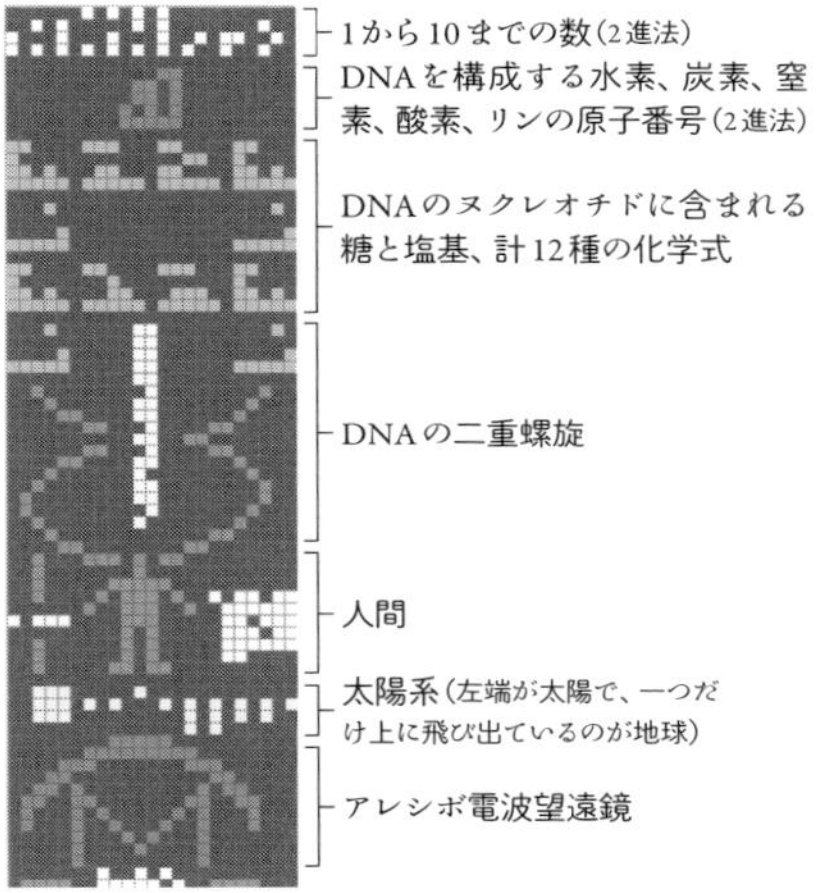

［3］アレシボ・メッセージ。実際は1679ビットからなるデジタル信号で、正しく解釈できればこのような73行23列の長方形の上のパターンが現れる

れるでしょうが、すでに50年以上も前からその研究に真剣に取り組んでいる研究者がいることをおわかりいただけたでしょうか。天文学的には、原始的な生命の存在を厳密に証明することは極めて困難なのですが、仮に高度知的文明の信号が届いたとすればそれは決定的な証明となり得ます。本当にそのような日が来るかどうかはわかりませんが、すでに「彼ら」がこっそり紛れ込んでいるとするSF作品が数多く発表されています。万が一、皆さんの身の周りにいる「彼ら」に気がついたら、この地球の将来のために、是非とも親睦を深めてあげてください。

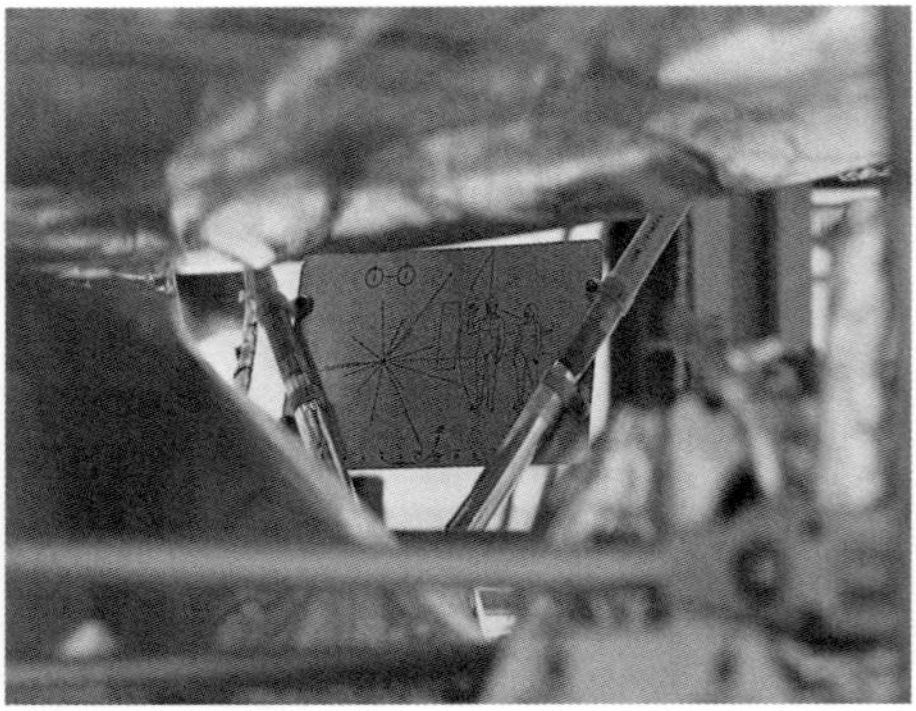

［4］パイオニア探査機に搭載された金属板
提供…NASA

9. 一番近い星に生命が？

先に「私はこの広い宇宙のどこかに宇宙人は必ずいると確信しています。でも、それを実際に観測して証明することはほぼ不可能でしょう」と述べました。でもこれはあまりに悲観的すぎたかも、と思わせてくれたのが、2016年8月に発表された、プロキシマ・ケンタウリの周りの「ハビタブル惑星」の発見です。ケンタウルス座アルファ星という名前なら聞いたことがある人がいるかもしれません。これはケンタウルス座で一番明るい星のことですが、太陽系から最も近い恒星として有名です。しかし実際には、このアルファ星は三つの異なる星からなる三重星で、その中で最も暗い星がプロキシマ・ケンタウリです。

[1] ケンタウルス座アルファ星
©ESO/Digitized Sky Survey 2
Acknowledgement: Davide De Martin

三重星であるケンタウルス座アルファ星の主星Aは太陽の1・5倍の明るさ、伴星Bは太陽の0・5倍の明るさで、お互いに約80年の周期で公転しています。これらは肉眼でも見える明るさなのですが、二つの星の位置は近すぎるため双眼鏡あるいは望遠鏡でなければ分離して観測することはできません。だからこそ、かつては一つの星だと見なされ、アルファ星とだけ呼ばれていたわけです（ちなみに、ケンタウルス座は南天の星座なので、北半球に位置している日本からは残念ながら見ることはできません）。

1915年に、南アフリカの天文台で観測をしていたロバート・イネスが、このAとBの周りを約100万年の周期でゆっくりと公転するもう一つの伴星Cを発見しました。この伴星Cは、太陽のわずか500分の1以下の明るさしかない暗い星（M型星）なので、肉眼では観測できませんが、現在では、プロキシマ・ケンタウリ、あるいは単にプロキシマと呼ばれています。プロキシマは「最も近い」という意味のラテン語ですから、ケンタウルス座アルファ星の伴星C、すなわちプロキシマが（太陽を別として）地球から最も近い星であることに対応しています。

ケンタウルス座アルファ星の主星Aと伴星Bはいずれも地球から約4・32光年、プロキシマは約4・25光年の距離にありますから、光なら片道約4年間で到着できます。現在知られている太陽系外惑星系の多くは数十から数百光年先にありますから、それらに比べると圧倒的に近いのです。当然、このどれかが惑星を宿しているかどうか、世界中の天文学者が強い興味を持っていました。

2013年、伴星Bの周りに地球と同程度の質量の惑星を発見したとの報告がされました。しかしその後の追観測では確認されず、現在ではその発見は誤りだったと考えられています。同じ年に、プロキシマの周りに惑星が存在する兆候も見つかりました。しかし、その信号はとても小さく、自信を持って発見したとまで断定することはできませんでした。そこで研究者らは、共同プロジェクトを立ち上げ、その存在を確認すべく数年間に及ぶ観測を続けてきました。

プロキシマは太陽に比べてはるかに暗く赤い恒星です。したがって、その周りに地球に似た惑星があるならば、プロキシマの光を反射して淡く赤い点に見えるはずです。そのため、それを探すこのプロジェクトは、ペイル・レッド・ドットと名づけられたのです。もちろんこれは、ボイジャー1号が撮影した淡く青い地球の画像「ペイル・ブルー・ドット」にちなんでいます。

「ドット」という名前からもわかるように、遠方の惑星は「点」にしか見えず、直接その半径を知ることはできません（惑星だけでなく、ほとんどの星ですらそれらの大きさは理論モデルを利用して推定されます）。ましてや、その惑星の表面に海があるのか陸があるのかを観測的に調べることなど不可能です。

ただし、われわれに対する星の相対速度ならば測ることが可能です。消防車やパトカーは、こちらに近づいてくる時と遠ざかる時とでは、その音の高さが違って聞

［2］ヨーロッパ南天天文台から見るケンタウルス座アルファ星
©Digitized Sky Survey 2
©Acknowledgement: Davide De Martin/Mahdi Zamani

こえます。これはドップラー効果と呼ばれる現象なのですが、音だけではなく、天体が発している光もまた同じくドップラー効果を起こします。これを利用すると、遠方の天体を観測することでその天体の運動速度を測ることができるのです。そうやって測定された速度が周期的な時間変化をしていれば、その星が単独ではなく周りを回る惑星が存在している可能性が高くなります。

この方法で発見されたプロキシマb（惑星はその主星の名前の後にアルファベットの小文字をつけた名前がつけられます。もし複数の惑星がある場合には、ほぼ発見順に、b、c、d……という名前になります。aは主星の意味なのでしょうか。bから始めるのが慣用です）は、地球の1・3倍程度の質量をもつ岩石惑星だと考えられています。さらに公転周期は約11日なので、主星とプロキシマbは、地球と太陽の距離のわずか20分の1程度しか離れていません。しかし、すでに述べたようにプロキシマは太陽の500分の1程度の明るさしかないため、これほど近くであってもプロキシマbは、「もしも水が存在するならば」液体でいられるような適度な温度（つまり蒸発もせず、また氷でもない）をもつものと推定されています。

天文学者たちは、そのようなほどよい温度をもつ惑星のことを、「ハビタブル」惑星と呼びます。これは「住むことができる」という意味ですが、最近ではより保守的に適温惑星と呼ぶ人もいます。

われわれの地球は、その表面の大部分を液体の水である海に覆われています。地球の生命がどこで誕生したのかはわかっていませんが、生命が進化し地球のあらゆる場所に広がったのは、この海の存在のおかげであると考えられています。そのために、海を保っていられる温度をもつ惑星は「住むことができる」だろう、というわけです。

といっても、プロキシマbのみならず、現在知られている数十個程度のハビタブル惑星のいずれも、大量の液体の水を持っている証拠は（いまだ）ありません。天文観測から遠方の惑星の表面に海があるかどうかを知る方法はないか。これは私を含めて多くの天文学者が取り組んでいる難問です。ところが、われわれに最も近いこのプロキシマbの場合、もっと直接的な観測ができるようになるかもしれないのです。

ロシア出身のベンチャー投資家で大富豪として知られている、ユーリ・ミルナーは理論物理学の博士号をもっています（大学院在籍時に周りにいる秀才たちを見て、学者になることをあきらめたとの噂がありますが、真偽のほどは明らかではありません）。いずれにせよ、彼は積極的に科学活動をサポートしていることでも有名です。例えば、基礎物理学、生命科学、数学の3部門に偉大な貢献をした研究者たちに対して、それぞれ毎年総額3億円もの賞金が与えられるブレイクスルー賞を設立しています。

彼はさらに15年、地球外生命探査の科学的・技術的検討を目的としたブレイクスルー・イニシャティブというプロジェクトを立ち上げました。これは三つの独立し

［3］開発中の切手サイズの超小型探査機（スターチップ）
© Breakthrough Starshot and Zachary Manchester

た研究テーマからなっています。その一つがブレイクスルー・スターショットで、プロキシマに超ミニ探査機を送る計画です。その諮問委員会には、イギリスの物理学者スティーブン・ホーキング（18年死去）とフェイスブック創立者のマーク・ザッカーバーグなどの著名人が名前を連ねています。

スターチップとは、2センチメートル四方のサイズにカメラ、コンピュータ、交

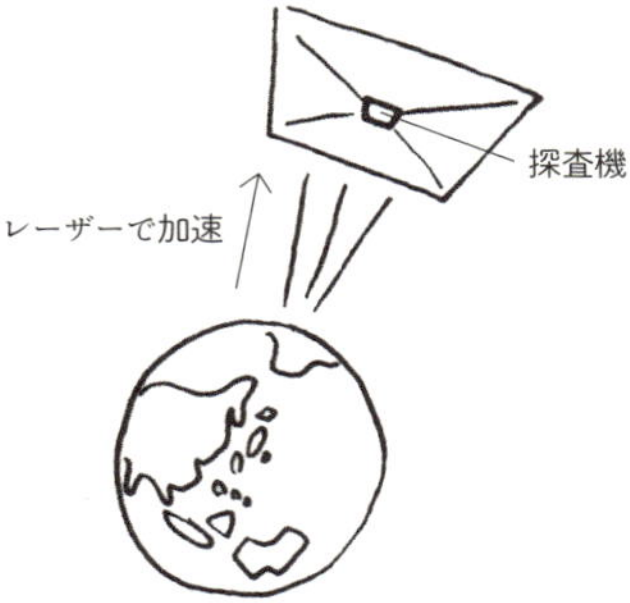

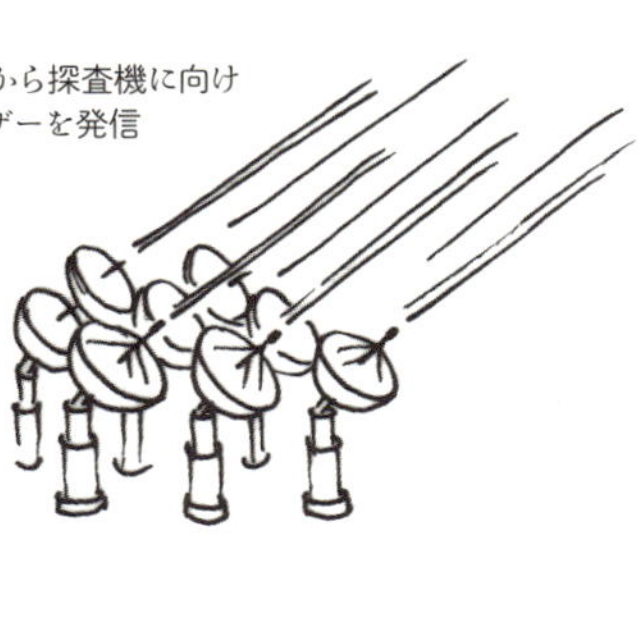
地球から探査機に向け
レーザーを発信

信用レーザーなどを搭載した数グラムの探査機です。その探査機を4メートル×4メートルのヨットの帆のようなものに結びつけ、地上の施設から発信されたレーザーで光速の5分の1速度にまで加速します。その結果、順調にいけば、（4光年を光速の5分の1で進むので）約20年後には、ケンタウルス座アルファ星のすぐ近くまで到達し、プロキシマb付近を撮影した写真を地球に向けて送ります。

とはいえ、これはすべてあくまで理論上の話で、それを実現する技術はまだ存在していません。その検討と開発のために、ミルナーは約100億円を提供していますが、最終的な完成には20年以上の開発期間と1兆円以上の経費が必要だと考えられています。もしもすべてが順調に進めば、今から20年後に打ち上げ、その20年後にプロキシマbを撮影、さらにその4年後には地球にデータが届きます。50年後に届くデータには果たして何が写っているのでしょうか。

10. 七つの「地球」を宿す星

地球は太陽の周りを1年で公転しています。また、地球だけでなく太陽系の八つの惑星はすべて、ほぼ同じ平面上を公転しています。その平面上のはるか遠くから「宇宙人」が太陽を観測したとすると、八つの惑星がそれぞれの公転周期で太陽の前を通過（トランジット）するたびに、少しだけ太陽の光が隠されて暗く見えるはずです。これをトランジット現象と呼びます。系外惑星系の場合にはこのように惑星の影が直接検出できるわけではありませんが、太陽が周期的に暗くなることからトランジットを起こしている惑星の公転周期と半径が推定できます。

右と次ページは２０１２年６月６日に金星が太陽の前面をトランジットした際の

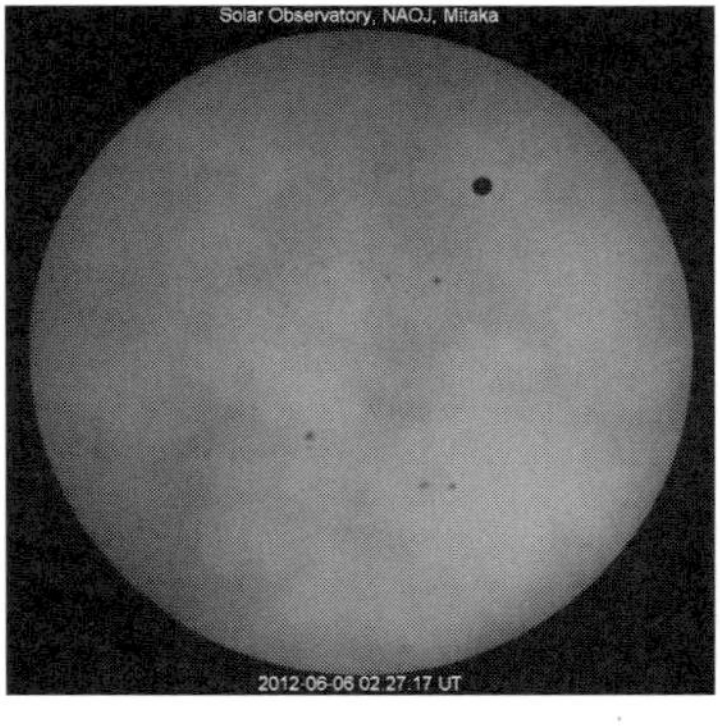

［1］２０１２年６月６日、国立天文台の三鷹太陽観測施設から見た金星の太陽面通過
©国立天文台

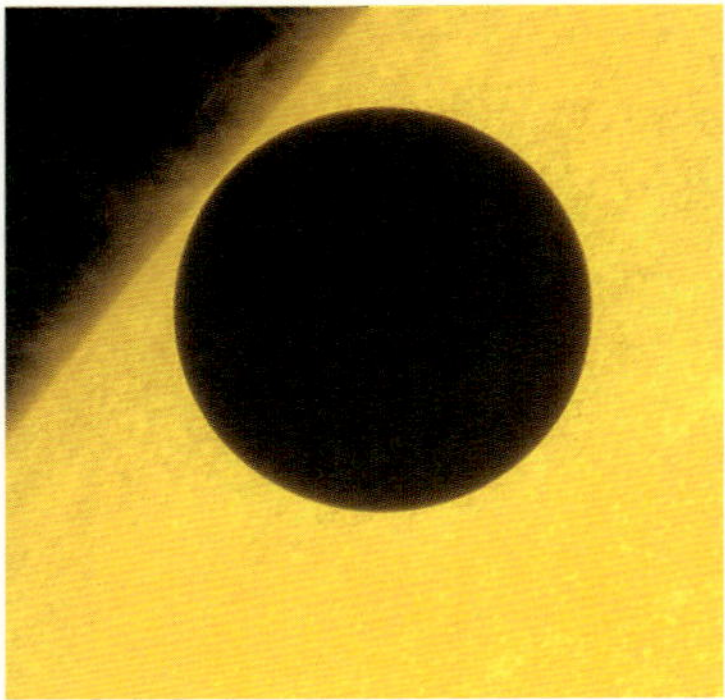

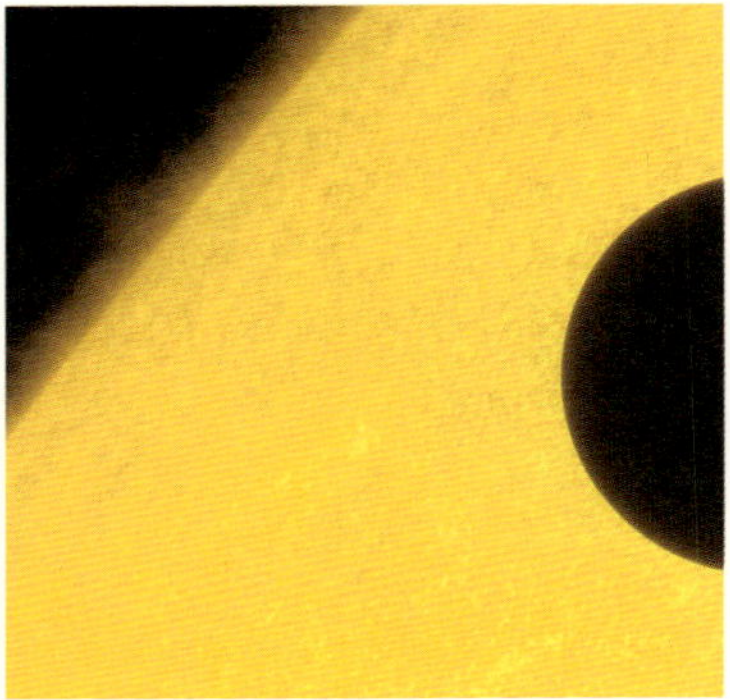

画像です。

2017年に、地球から約39光年離れたトラピスト1と名づけられた星に、七つのハビタブル惑星があることが発表されました。これらはトランジット現象を利用して発見されたものです。トラピストとはベルギーの研究グループが使っている口径60センチメートルの望遠鏡のニックネームですが、実はベルギーで有名なトラピストビール（もともとはトラピスト会修道院で作られたビールをさす名称）にもかけているようです。

トラピスト1は、その望遠鏡で見つかった第1番目の惑星系の中心星であることを意味します。太陽と太陽系とでは意味が違うように、トラピスト1はあくまで中心星の名前なので、その惑星系をさす場合は、トラピスト1系と呼ぶほうがより正確です（が実際にはそれらを区別せずに使っている場合もあります）。

トラピスト1は、私たちの太陽に比べて質量が12分の1で、2000分の1の明るさしかない小さく暗い星ですが、そのトランジット現象による信号を解析した結果、周りに地球半径程度の七つの惑星が存在していることが結論されました。それらの公転周期は、1・5日、2・4日、4・1日、6・1日、9・2日、

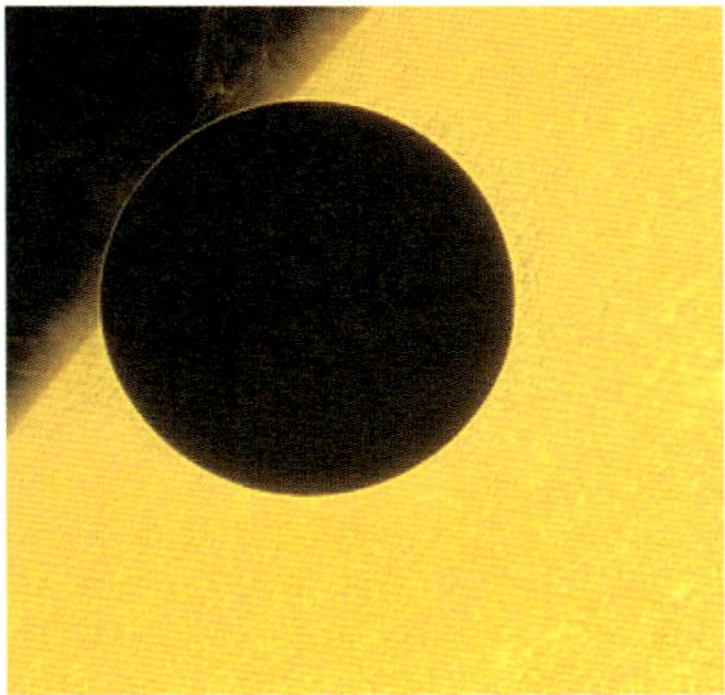

［2］こちらも同じく12年6月6日、太陽観測衛星「ひので」から見た金星の太陽面通過
©国立天文台／ＪＡＸＡ

12日、20日となっています。つまり、トラピスト1系は太陽系に比べてはるかにコンパクトにまとまっています。また、それらの半径はいずれも地球の0・7倍から1・2倍の範囲内にあるため、地球と同じく固体を主成分とする岩石惑星（地球型惑星とも呼ばれます）だろうと考えられています。

このトラピスト1系をわが太陽系と比較したものが89ページの図です。前回述べたように、トラピスト1系の七つの惑星は、内側からトラピスト1b、トラピスト1c……トラピスト1hと名づけられています。太陽系の岩石惑星である水星、金星、地球、火星の軌道に比べて、太陽系で最も遠くにある海王星の軌道が地球軌道の30倍もあり、とてもこの紙面上にはおさまらないことを考えれば、トラピスト1系が太陽系よりもずっと小さな惑星系であることが実感できることでしょう。むしろ木星とその衛星からなる系のほうに近いほどです。

木星の半径は太陽の10パーセントで、トラピスト1の中心星とほぼ同じですが、木星は自分自身では光っていないガス惑星で、主成分は岩石ではありません。木星の周りには67個の衛星が発見されていますが、有名なのはガリレオ・ガリレイが発見した四つで、内側からイオ、エウロパ、ガニメデ、カリストと名づけられています。まとめてガリレオ衛星と呼ばれるこれらの衛星は、地球の100分の1程度の質量で、ガスではなく固体が主成分です。

このようにトラピスト1系はわが太陽系とはかなり異なる性質を持っています。そしてさらに特筆すべきは生命を宿しうる可能性で、その鍵となるのは液体の水の存在です。太陽系の場合、水星と金星は温度が高すぎるため水があったとしても蒸発してしまいます。火星にはかつて海があったのではないかと考えられていますが、少なくとも現在は寒いため液体の水は存在していません。つまり、この地球だけがたまたま水が蒸発もせず凍ることもなく液体の海として存在できる環境を保つ、ハビタブル惑星です。

ただすでに述べたようにハビタブル惑星とはかなり誤解を生む用語です。トラピスト1系は七つのハビタブル惑星をもつと発表されたものの、惑星温度の正確な推定は極めて困難です。例えば、冬に毛布や布団を重ねて眠ると布団の中が暖かくなるように、惑星大気が大量の二酸化炭素を持つと、それらが毛布の役割をして、惑星の表面温度が上がります。これがいわゆる温室効果で、地球の温暖化問題と密接に関係しています。つまり、惑星の大気組成によってはその温度はずっと高いかもしれません。また、いくらほど良い温度であろうと、大量の水が存在しなければ、ハビタブル惑星と呼ぶ意味がありません。トラピスト1系の惑星に限らず、大量の

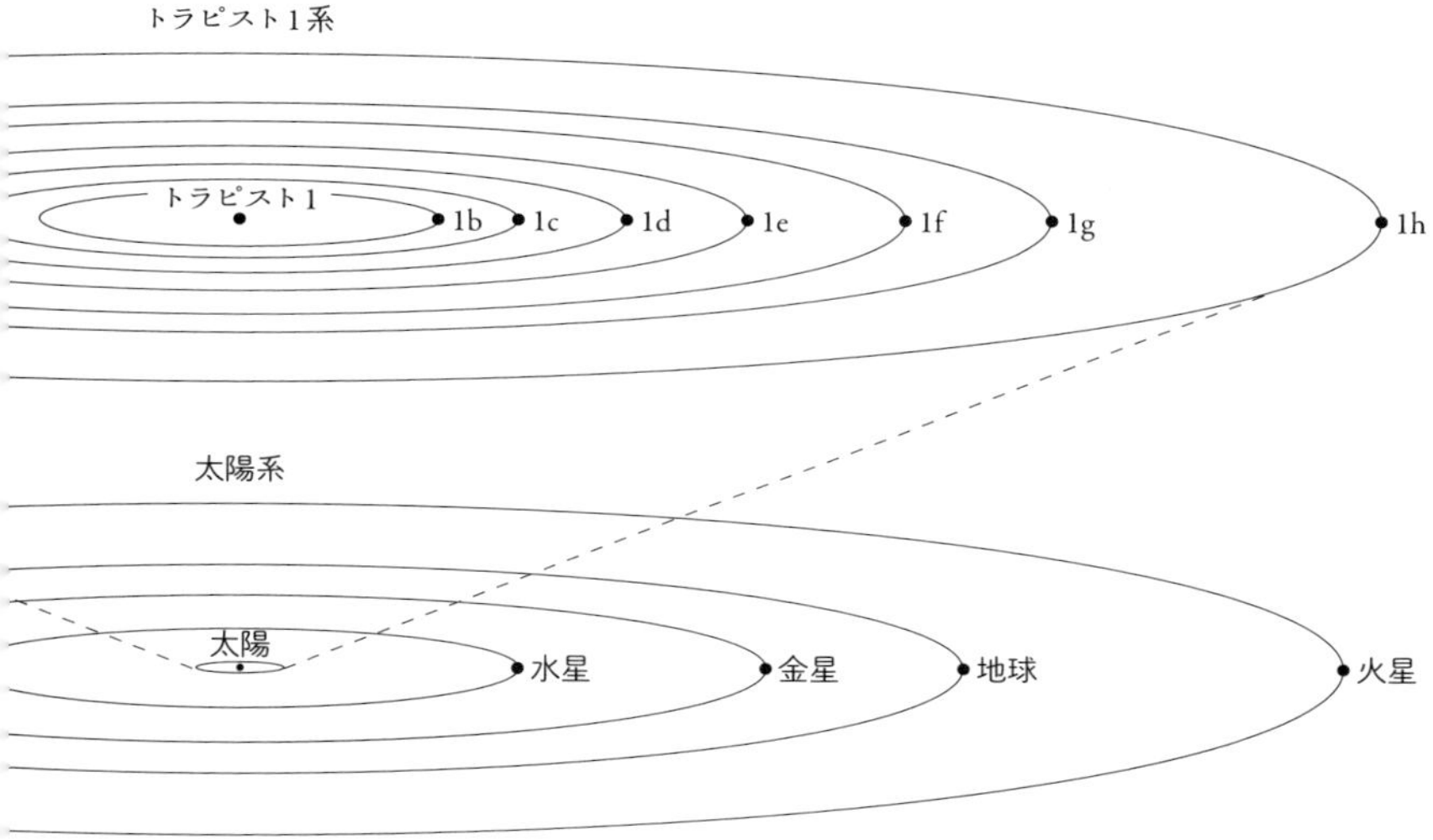

水の存在が確認された例は知られていません。

トラピスト1系の惑星に対して詳細な気象シミュレーションを行なった結果、b、c、dでは温室効果が暴走的に起こり水はあったとしてもすべて蒸発する。また、f、g、hは温室効果を考慮しても寒すぎて惑星全体が凍るスノーボール（全球凍結）状態になるとの報告もあります。ど真ん中に位置しているeのみハビタブルであり得るようですが、そこに水がある証拠は何もありませんから、早合点は禁物です。

さて、このように続々と発見される系外惑星、さらにはそこに生命が存在しうる可能性はとてもワクワクする大ニュースです。その一方で、研究者たちがその発見をわかりやすく伝えようとするあまり、行き過ぎた表現が目立つような気がします。例えば、このトラピスト1系では七つのハビタブル「地球」が発見されたと記者会見を行い、海や山がある惑星の表面の想像イラストを数多く使用して説明する、といった類いです。私も同僚の先生から「海をもつ惑星が発見されたらしいですね」と言われて、大急ぎで「そうじゃないんですよ」と訂正したこともあります。

これらは善意とはいえ、やはり科学者としては、実際に確認されたことと、それから想像されることとは明確に区別し、誤解を与えない努力を怠ってはならないと思います。皆さんも過度に誇張された報道に騙されないようにしてくださいね。ちなみに、本書は信用できますから、どうかご安心を。

11.★

アタカマ高原から見る惑星誕生の現場

われわれの太陽系は、太陽とその周りを公転する八つの惑星——水星、金星、地球、火星、木星、土星、天王星、海王星——が主なメンバーです。太陽系は宇宙が誕生してから約92億年後、すなわち、今から約46億年前に誕生しました。太陽と地球はこの宇宙においてわれわれに最も身近で大切な天体です。したがってこの太陽系がどのように誕生し、どのような進化を経て現在の姿になったのかは、興味深い本質的難問なのです。

その手がかりとなるのは、八つの惑星がいずれも以下のような整然とした運動をしているという事実です。

★ ほぼ同じ二次元面上に分布している

★ 太陽の周りをほぼ円軌道を描いて公転している

★ 公転の向きは太陽の自転の向きと同じである

これらを理論的に説明するためにいくつかの太陽系形成モデルが提唱されていますが、古くは、有名なドイツの哲学者であるイマヌエル・カントが1755年に提案した星雲説にまで遡ります。この星雲説によれば、ほぼ球状であった高温ガスの塊がその重力のために収縮する過程で、まずその中心に太陽が生まれ、その後、太陽の周囲を回る物質から惑星が生まれます。

初めに少しだけ回転していた球が収縮すると、やがて回転軸方向につぶれた円盤になります（その理由を説明するのは厄介なのですが、ピザを作る場面を想像してもらえば、丸くて柔らかいものからなる塊を勢い良く回すと薄い円盤状になって回り続けることは、直感的にも納得してもらえるものと思います）。その回転する円盤（原始惑星系円盤と呼ばれます）の中心に落ち込んだ物質から太陽が、円盤の外側に分布する物質から惑星が生まれるとすれば、先に述べた三つの性質がうまく説明できることになります。

このカントの星雲説は大まかには正しい考え方なのですが、本当に八つの惑星をもつ太陽系が再現できるかどうかを確かめるには、はるかに厳密なモデルを立て、物理学の方程式を解いて調べる必要があります。

それを世界で初めて徹底的に研究したのが、京都大学の故林忠四郎先生です。

1980年代に林先生とそのお弟子さんたちが構築した太陽系形成モデルは、京都モデルあるいは林モデルと呼ばれ、現在では太陽系以外の惑星系形成にも応用できる標準モデルとなっています。太陽系外の惑星系が発見されたのは1995年ですから、林モデルはそれよりはるか以前に構築された先駆的な理論なのです。

理論モデルは、その予言が実際の観測データによって確認されて初めて、広く認められるようになります。そのためには、今まさに多くの星が形成されつつある領域を観測して、惑星誕生の現場を押さえる必要があります。そのような活発な星形成領域として有名なのはおうし座です。そのために、南米のチリ・アタカマ高原にあるアルマ望遠鏡は、2014年、われわれから約450光年先にあるおうし座HL星を詳細に観測しました。

アルマ望遠鏡は、北米、ヨーロッパ、日本を代表とする東アジアの国々の三極による国際共同施設で、2002年に建設が開始され、2013年から運用が始まりました。最大で直径16キロメートルの範囲内に、口径12メートルのアンテナ54台と口径7メートルのアンテナ12台の計66台が設置され、実質口径16キロメートルの一つの巨大な電波望遠鏡として働きます。この場合の解像度は、0・01秒角。人間でいえば「視力6000」。大阪に置かれた1円玉の大きさが東京から見分けられる視力だそうです。すばる望遠鏡やハッブル宇宙望遠鏡に比べても10倍優れた視力のおかげで、従来は不可能であった原始惑星系円盤の構造までもがくっきりと撮影で

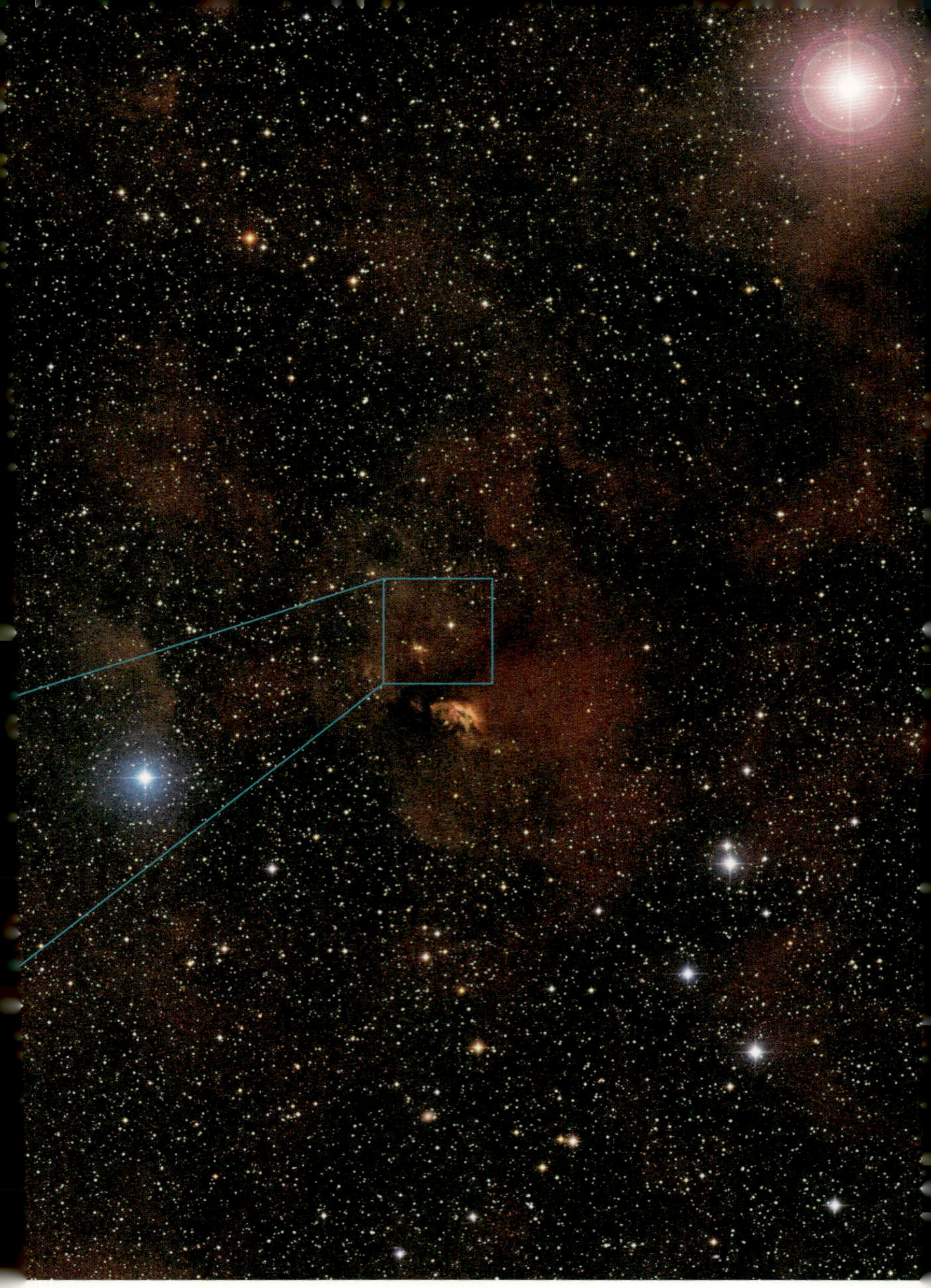

［1］地上望遠鏡が撮影したおうし座周辺領域
© NASA, ESA, Digitized Sky Survey 2 (Acknowledgement: Davide De Martin)

［2］ハッブル望遠鏡が撮影したおうし座ＸＺ星とおうし座ＨＬ星
© ALMA (ESO/NAOJ/NRAO), ESA/Hubble and NASA
Acknowledgement: Judy Schmidt

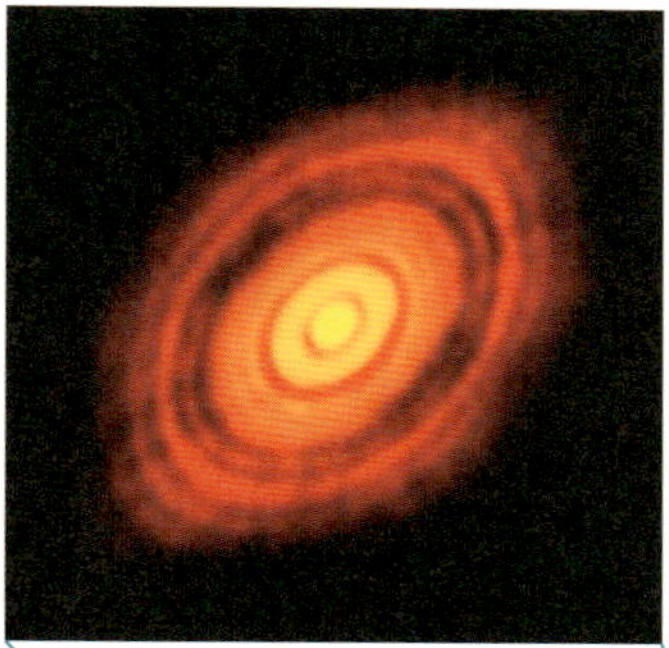

［3］アルマ望遠鏡によるおうし座ＨＬ星
© ALMA (ESO/NAOJ/NRAO), ESA/Hubble and NASA
Acknowledgement: Judy Schmidt

きるようになったのです。

前ページの写真は、おうし座HL星の周りに存在する原始惑星系円盤中の塵（固体成分）の分布を示しています。完全な円ではなく歪んだ楕円に見えますが、これは薄い円盤を斜めから観測しているためです。この円盤の半径は約100天文単位で、太陽系の海王星までの距離の約3倍に対応します。

注目すべきは、この円盤が一様ではなく、同心円状に塵密度の濃い部分（リング）とほとんどない部分（ギャップ）からなる縞状の分布を示していることです。最近の若者には馴染みがないかもしれませんが、年配の方であれば、レコードの溝のような構造といえばわかってもらえるかもしれません。

先ほど紹介した林モデルでは、円盤内でほぼ同じ回転半径にある塵同士が合体し成長することで、惑星中心部の芯となる球状の塊を形成します。それが、太陽系で比較的内側にある水星、金星、地球、火星の岩石惑星です。一方、より外側に行くと塵の量が多くなるので合体した塊もより大きくなります。その塵の塊の周りに大量の気体（ガス）が集まり、木星や土星のような巨大ガス惑星に進化します。

この林モデルはあくまで理論的な仮説でしかなかったのですが、この写真に見えたギャップこそまさに、塵が集積し惑星を形成している現場なのではないかと考えられます。つまり、提案されて約30年後にやっと、モデルが観測によって確認されたというわけです。

［4］チリの山頂に並ぶアルマ望遠鏡の33台のアンテナ
© ALMA (ESO/NAOJ/NRAO), J. Guarda (ALMA)

［5］日本の組み立てエリアにあるアンテナ
©国立天文台

ところで、林先生は京都のお生まれですが、「社会科学を研究するための前段階として、当時最も実証的な学問であるといわれていた物理学を学ぶ」べく東京大学理学部物理学科へ進まれました。2008年にノーベル物理学賞を受賞した素粒子論研究者の南部陽一郎先生とは同じゼミで最新の論文を一緒に読んだ間柄です。

終戦後、東京大学に復学したものの住む場所がなく、実家のある京都から通える京都大学の湯川秀樹先生の助手となりました（南部先生は東京大学の研究室に寝泊まりしていました）。しかし物理教室の部屋も満杯であったため、宇宙物理教室の教授室をあてがわれました。そこで天体核現象の研究をするよう湯川先生に勧められたことが、素粒子物理学志望だった林先生が宇宙物理学者になるきっかけでした。

その後、林先生は、宇宙論・星の進化論・惑星形成論という異なる研究分野において、ノーベル物理学賞が受賞されてもおかしくないほどの業績を挙げられました。

ところで、研究者を評価する最も客観的な指標は、どれだけの人材を育成したかだと言われることがあります。林先生の指導された大学院生52名からは30名以上の大学教授が育っています。私の指導教員である佐藤勝彦先生もお弟子さんですので、実は光栄なことに私も林先生の孫弟子にあたります。

多数の系外惑星の発見によって、林モデルに基づく惑星形成理論も、また惑星誕生の現場を観測する研究も着実に進歩しています。この太陽系、さらに惑星系がいかに進化してきたか理解できる日はすぐそこかもしれません。

12.★

夜空の宝石箱

古今東西を問わず、人は誰でも夜空の星や天体を眺めるとなぜか美しいと感じるようです。天文学に全く興味がない人であろうと、満天の星を見ていやな気持ちになったり、醜いと思ったりするという話は聞いたことがありません。考えてみるとこれはとても不思議なことです。実はわれわれの体を作っている材料のほとんどは、はるか昔にどこか遠い星の内部で作られたものであることがわかっています。ひょっとしたら、われわれが夜空の星々を見るたびに、かつて星の子どもだった頃のかすかな記憶が頭の中で蘇るのかもしれません。今回は夜空を飾る美しい天体の写真を一緒に鑑賞してみましょう。

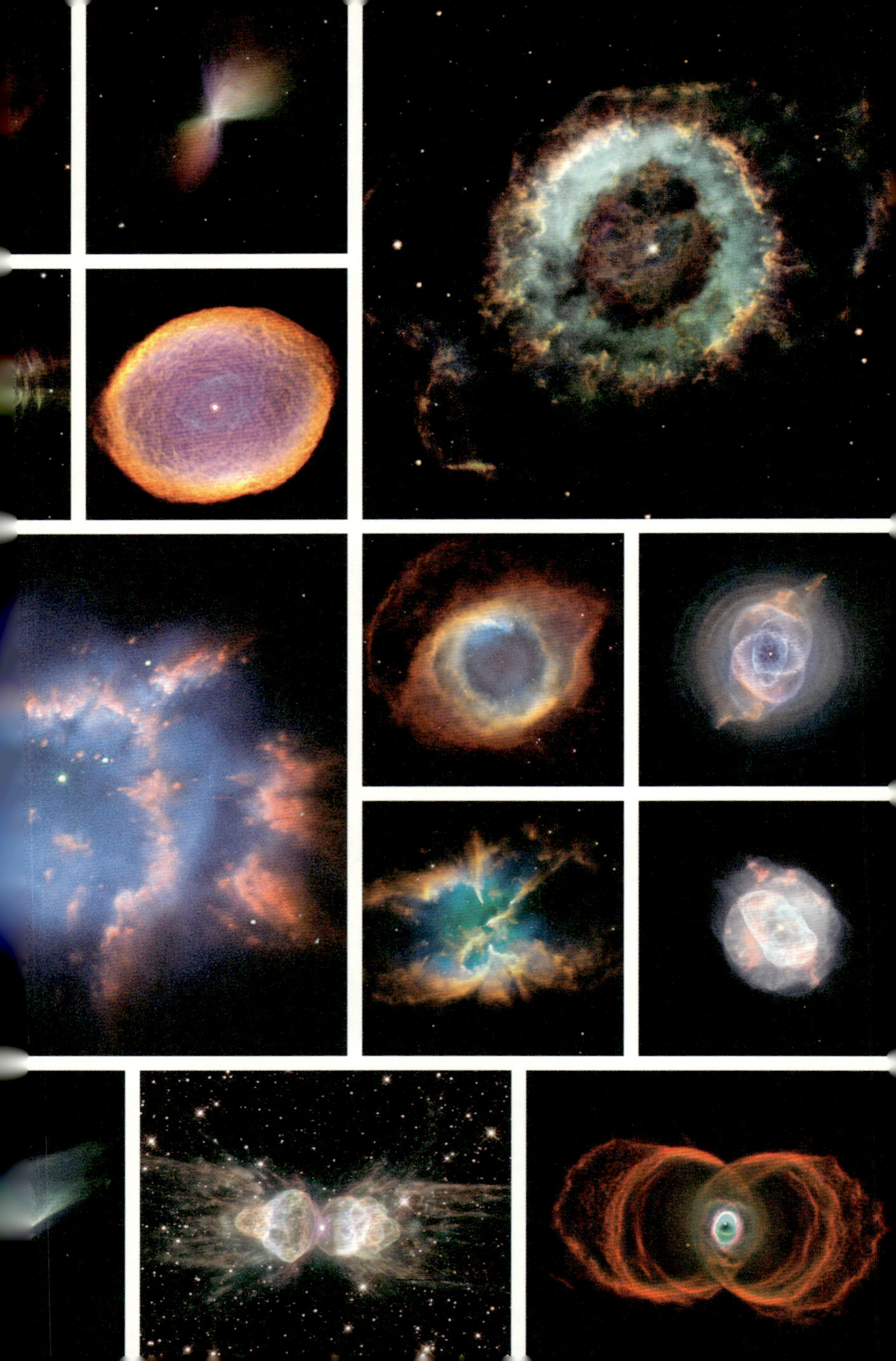

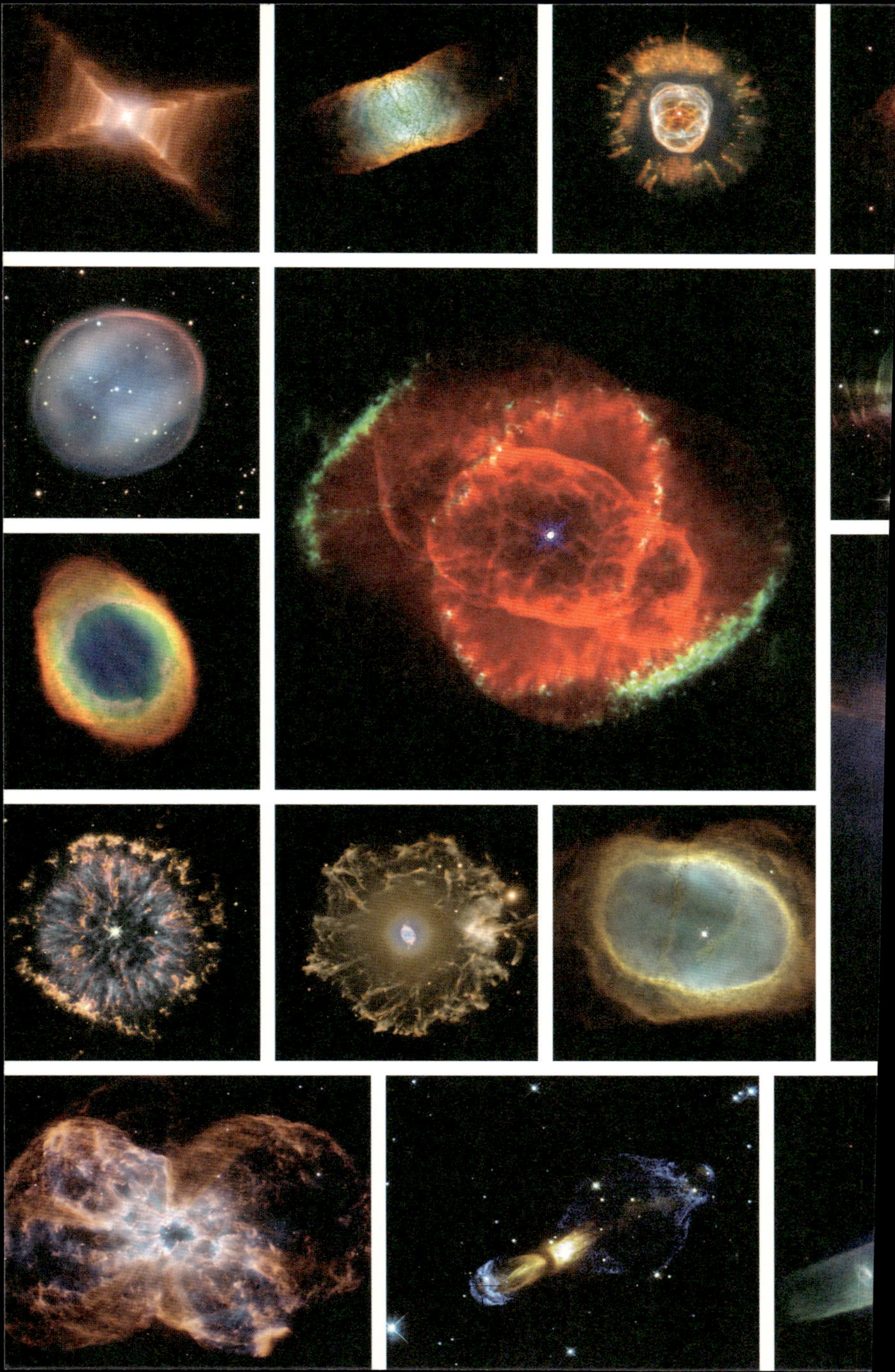

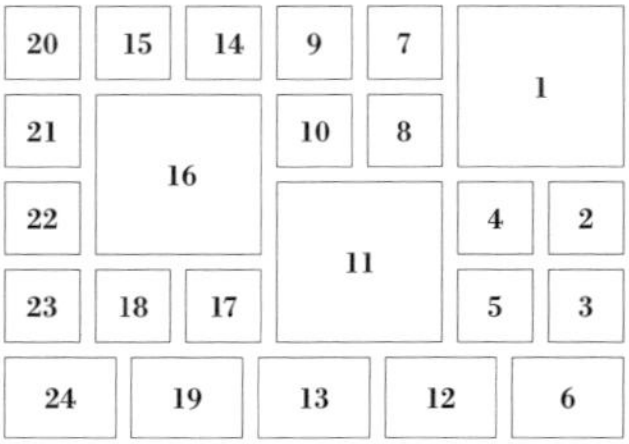

[1]©NASA/ESA and The Hubble Heritage Team (STScI/AURA)
[2]©ESA, NASA, HEIC and The Hubble Heritage Team (STScI/AURA)
[3]©ESA/Hubble & NASA
[4]©NASA, ESA, C.R. O'Dell (Vanderbilt University), and M. Meixner, P.McCullough, and G. Bacon (Space Telescope Science Institute)
[5]©NASA, ESA and the Hubble Heritage Team (STScI/AURA)
[6]©Raghvendra Sahai and John Trauger (JPL), the WFPC2 science team, and NASA/ESA
[7]©NASA, ESA and The Hubble Heritage Team STScI/AURA
[8]©NASA/ESA and The Hubble Heritage Team (STScI/AURA)
[9]©NASA/ESA and The Hubble Heritage Team (AURA/STScI).

前見開きの写真の数々は、ハッブル宇宙望遠鏡が撮影した「惑星状星雲」と呼ばれる天体です。全体的に丸みを帯びていて、半透明なところはクラゲに似ているかもしれません。最初にお断りしておくと、これらの色は実際に人間の目で見た時の色とは必ずしも同じではなく、望遠鏡で観測された異なる波長（色）のデータを元にして色づけされたものです。そもそもそのような加工をしなければ、電波やX線のように人間の目では直接見えない天体の写真を可視化することはできません。これは天体画像においては一般的で仕方のないことなのですが、念のためにつけ加えておきます。ただし、可視光に近い波長の観測画像の場合は、なるべく人間の目で見たままの色に近くなるように調整されています。

というわけで、色そのものについては少し割り引いて考える必要があるとはいえ、それらの写真が示す多彩な形状と模様の数々には目を奪われるのではないでしょうか。あたかも夜空に浮かぶ宝石のようだと感じられるかもしれません。実際、この惑星状星雲は天文ファンの人たちの間でもとても人気がある天体です。

ところで、惑星状星雲は、その名前とは裏腹に惑星とは何の関係もありません。このような解像度の高い写真ではなく、小さな望遠鏡で観測するとぼやっとした丸っぽい天体に見えることから、「惑星に似た形をした」という意味でつけられた名前です。しかしそれらはむしろ、はるか未来の太陽の姿なのです。

太陽の数倍以下の質量をもつ星は、やがてその中心部が燃え尽きてしまうと、重力を支えるエネルギー源がなくなるため、収縮します。それとは逆に、より外側にある領域は大きく膨張します。膨張するにつれて、その外層の温度は３０００度から５００度程度にまで下がります。太陽の場合には今から約50億年後に、現在の２００倍程度の半径をもつ巨大な天体になると考えられています。これは、ちょうど現在の地球の公転軌道をすっぽりと包んでしまうほどの大きさです。温度が低い天体の色は赤っぽくなるので、そのような進化の段階に達した星は、赤い巨大な星という意味で「赤色巨星」と呼ばれます。

この赤色巨星はあまりに大きいため、その外側の領域のガスは徐々に宇宙空間へ逃げ出していきます。これが惑星状星雲の正体です。一方で、収縮し取り残された中心部分は、やがて白色矮星と呼ばれる天体になります。この天体は太陽の数分の１から１・４倍の質量を持ちながらも、半径はその１００分の１（つまり地球とほぼ同じ）しかないコンパクトな天体で、非常に高い密度となっています。さらにその温度も数万度から10万度と極めて高く、色は白く見えます。この天体は、白く小さな星という意味で「白色矮星」と名づけられています。

ここでもう一度、前見開きの画像を眺めてみてください。どの写真も中心近くに小さく明るい天体が見えます。これらが白色矮星です。その周りに分布しているガスの塊である惑星状星雲は、この白色矮星が発する光を受けて明るく輝いているのです。そう言われれば、確かにその惑星状星雲は中心から外側に向けて何かが吹き

[10]©NASA/ESA and The Hubble Heritage Team STScI/AURA)
[11]©ESA/Hubble and NASA
[12]©NASA, ESA and the Hubble Heritage Team (STScI/AURA)
[13]©Bruce Balick (University of Washington), Vincent Icke (Leiden University, The Netherlands), Garrelt Mellema (Stockholm University), and NASA/ESA
[14]©NASA, ESA, Andrew Fruchter (STScI), and the ERO team (STScI + ST-ECF)
[15]©NASA/ESA and The Hubble Heritage Team STScI/AURA
[16]©J.P. Harrington and K.J. Borkowski (University of Maryland), and NASA/ESA
[17]©Hubble Heritage Team (STScI/AURA/NASA/ESA)
[18]©Nordic Optical Telescope and Romano Corradi (Isaac Newton Group of Telescopes, Spain)
[19]©ESA & Valentin Bujarrabal (Observatorio Astronomico Nacional, Spain)
[20]©NASA/ESA, Hans Van Winckel (Catholic University of Leuven, Belgium) and Martin Cohen (University of California, USA)
[21]©ESO
[22]©Hubble Heritage Team (AURA/STScI/NASA/ESA)
[23]©NASA/ESA, The Hubble Heritage Team STScI/AURA
[24]©NASA, ESA, and K. Noll (STScI)

［25］レモン山天文台から見た
惑星状星雲、Abell 78
© Adam Block/Mount Lemmon
SkyCenter/University of Arizona

飛ばされた跡のような形に見えてくることでしょう。それらの複雑な形状を詳しく調べれば、ガスが外に飛び出ていく過程がわかるはずです。そこにはかつて太陽より重い星があり、やがて進化して赤色巨星となった。そして、最期に中心に白色矮星を残して、宇宙空間に薄く散らばるガスとして一生を終えた。これらの画像は、それぞれが異なる星々の一生の最期の姿そのものなのです。

　これらとは異なり、太陽の8倍よりも重い星は、赤色巨星という段階を経由することなく激しく収縮し、超新星爆発という現象を起こして、その一生を終えます。その結果、中心部に残されるのが中性子星で、それらの多くは高速自転しながら周期的に電波を発するパルサーと呼ばれる天体となります（パルサーについて詳しくは154ページ参照）。さらに重い星は爆発を起こすことなく収縮し、ブラックホールを形成するものと考えられていますが、詳細はまだ理解されていません。

　このように、ブラックホールになる場合を除けば、宇宙の星は最期には再び宇宙空間へと還っていきます。そしてそれらのガスを材料として次の世代の星が誕生します。宇宙は、このように星の誕生と死の繰り返しを通じて原材料をリサイクルしながら進化しています。その結果、われわれ人間もまた、そのような星の進化によって形成された元素を材料として生まれたのです。

　冒頭で、人間が夜空の星を見てなぜ美しいと思うのか、その理由はわからないと述べました。日常生活における五感はほとんどの場合、人間が生きる上でプラスか

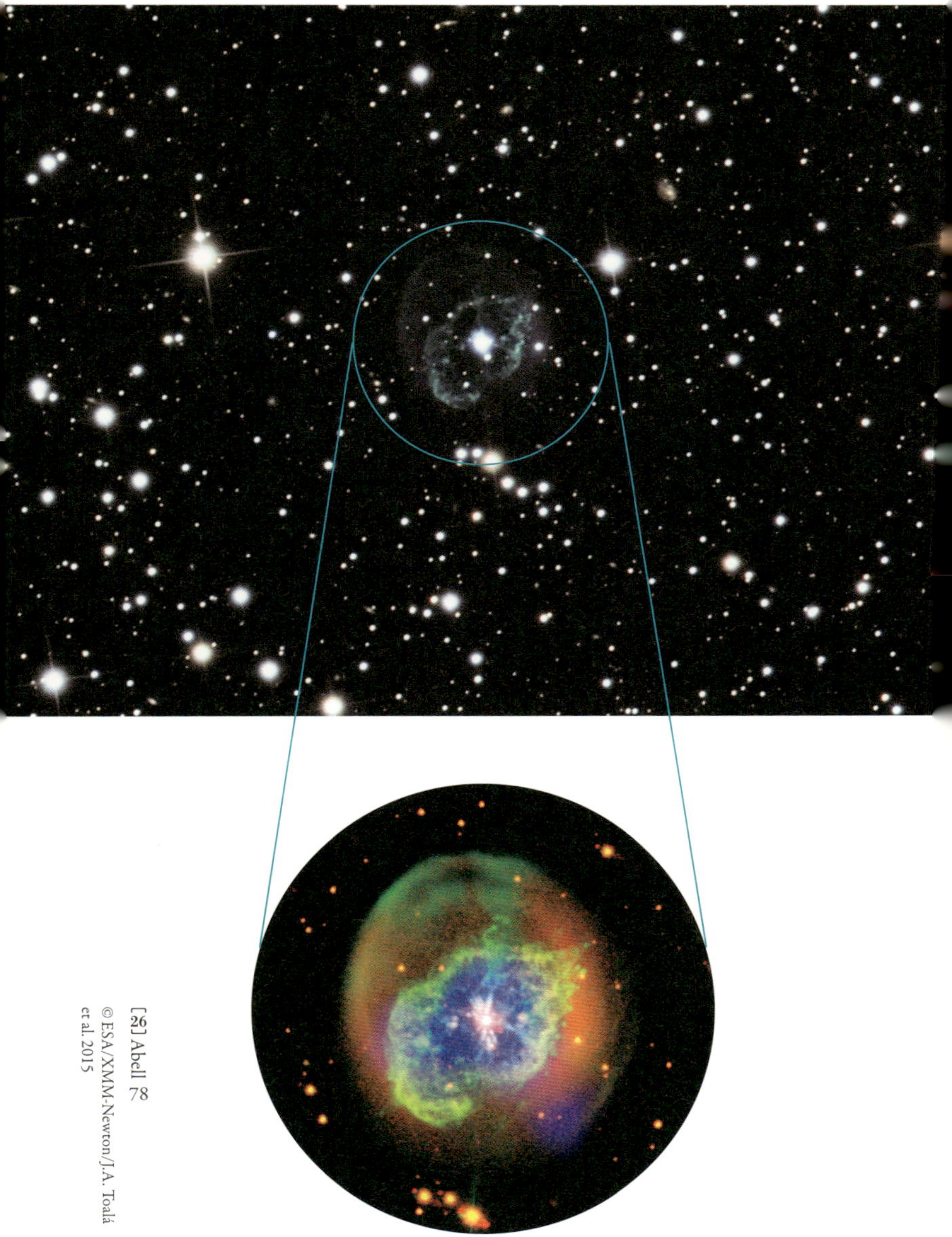

[26] Abell 78
© ESA/XMM-Newton/J.A. Toalá
et al. 2015

マイナスかに対応して決まっています。例えば、良い匂いがするおいしい食べ物は体にとって有益です。一方、腐った食べ物は、臭いがひどく万が一食べたら吐き出してしまうほどまずく感じます。他人に対して親切にするとこちらも嬉しくなり、逆の場合は何か後ろめたさが残るのも同じです。これらはすべて、人間が生き延びるために得なのかどうかに対応しており、長い時間をかけた進化の過程で獲得されたものだと考えられています。腐った食べ物を美味しく感じてしまう味覚を持った人は、残念ながら長生きできそうにありませんから、そのような遺伝子を持った子孫はほとんどいないのです。また、他人を不幸にすることを嬉しく思う人は、やがてはその報いを受けるに決まっています。したがって長い目で見ればやはり、他人に親切にしたいと考える人間のほうが生き延びるというわけです。

美しさの感覚もまた同じです。人間に有害な植物や生物は、近寄りたくないような色や形をしていることが多いのですが、それはそれらを危険だと察知できるようにわれわれの感覚が発達してきた結果なのです。とここまでは、(正しいかどうかは別として) よく耳にするもっともらしい説明です。しかしながら夜空に浮かぶ遠くの星々は、人間が生きる上でプラスにもマイナスにも影響するはずがありません。ですから、それらを見て美しいという感情が自然に湧いてくるのは、とても不思議なことなのです。その理由はともかくとして、宇宙と天体の進化が、生命さらには人類の進化と切っても切れない関係にあることだけは確かです。

13.

平安時代の超新星爆発

有名な方が亡くなると、その業績を称え、故人を悼む盛大な葬儀が営まれます。特に、映画やテレビで活躍したスターと呼ばれる方々の場合、その訃報は世界的な話題となることもあります。これは本家本元のスターである恒星の場合も同じです。前回紹介したように、太陽の数倍程度の質量の星の場合は、赤色巨星を経た後、白色矮星とその周りの惑星状星雲を残します。さらに太陽の8倍以上の大質量星、すなわち、ビッグスターともなれば、最期に数日間から数週間にわたって銀河1個分の明るさに匹敵するほど明るく輝く超新星爆発と呼ばれる大爆発を起こし、中性子星あるいはブラックホールを残して、その華やかな生涯の幕を閉じます。

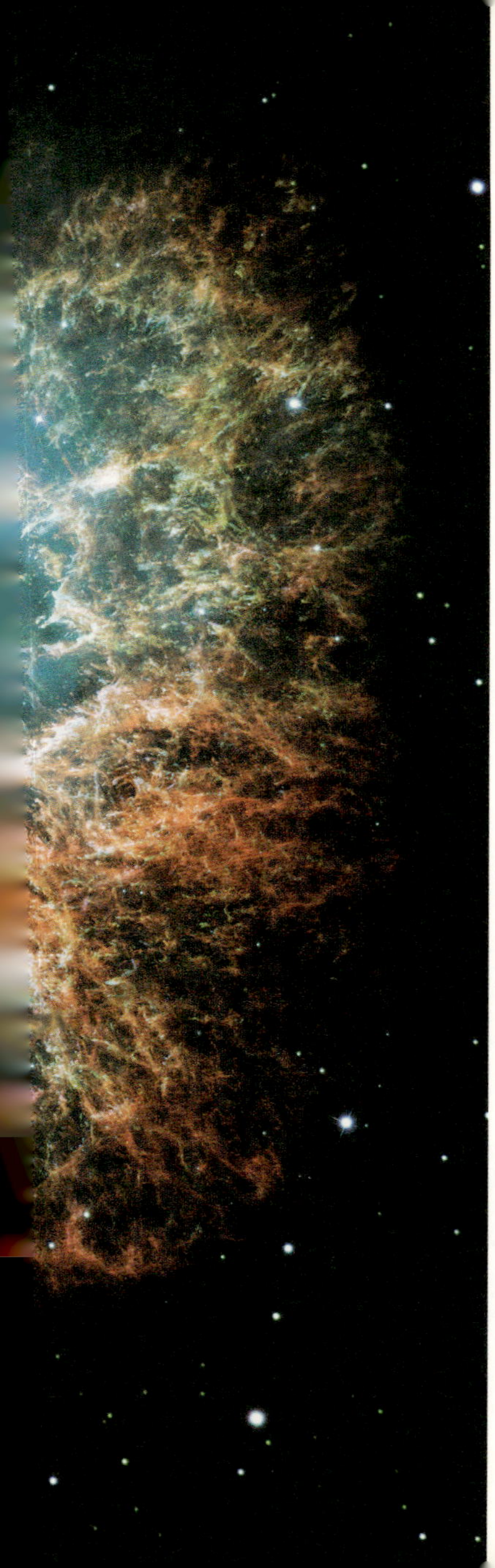

［1］ハッブル宇宙望遠鏡が撮影したかに星雲。1054年の超新星爆発の残骸で、中心付近に中性子星「かにパルサー」と呼ばれる中性子星がある
©NASA, ESA, J. Hester and A. Loll (Arizona State University)

このように、この宇宙に存在する無数の星々は、あまねく、誕生してから成長を続け、やがてその一生を終えます。この一連のサイクルを、星の「進化」と呼びます。今回は、この星の進化と大質量星の最期の超新星爆発を紹介してみます。

今から138億年前、誕生直後の宇宙はあらゆる場所がほぼ同じ温度と密度でした。しかし、その中でもところどころ、たまたま周囲よりもほんの少しだけ密度が高い領域が存在しました。時間が経つにつれて、それらの領域は重力によってより高密度に成長し、そこへ徐々に物質が落ち込むことで巨大なガス雲となります。そのガス雲が、自分の重力を支えきれないほど大きくなると、収縮して第11回で紹介した原始惑星系円盤となります。やがてその中心部に、星の赤ちゃんというべき「原始星」が誕生します。

原始星は成長を続け、光り輝く一人前の星へと成長します。その例が、われわれの太陽です。その中心では、水素原子がヘリウム原子に変わる核融合反応によって、安定にエネルギーが生み出されています。しかし、いかなる星も永遠に光り輝き続けることはできません。時間が経つと、いずれはそのエネルギー源である燃料（水素原子）がなくなってしまいます。いわばガス欠です。その意味において、星に寿命があるのは当たり前だと言えるでしょう。

さて、人間の寿命は約80年で個人差はあっても数十年程度ですが、星の寿命はその質量によって数桁も変わります。質量が大きい星ほどその中心部はより高温度・

高密度になるため、核融合反応が活発に進みます。つまり、大量にエネルギーを消費して、明るく輝きます。その結果、大質量星ほど早く燃料を消費し尽くしてしまい、寿命が短くなるのです。例えば、太陽の寿命は約１００億年ですが、太陽の10倍の質量の星の寿命は（わずか！）３０００万年。逆に太陽の半分の質量の星は１８００億年もの寿命（現在の宇宙の年齢である１３８億年の10倍以上）になります。誰しも、太くて短い人生か、はたまた、細くて長い人生かの選択に悩むことがあるはずですが、星の場合も似た事情がありそうです。

約46億年前に誕生したわれわれの太陽の場合、これから50億年後に寿命を迎えます。その際には、遠く離れた地球をのみこむほど大きく膨らんだ赤色巨星となります。そして、その後そこから大量のガスが宇宙空間へ流れ出し、最期には、前回見た美しい惑星状星雲の一つとなるものと予想されます。

これに対して、太陽の8倍以上の大質量星は、燃料を使い果たすと、もはや自分の重力を支えることができず、一挙に中心へと収縮を始めます。収縮が進んで中心部に中性子星と呼ばれるとてつもない高密度天体が形成されると、そこに落ち込んできた物質は、その固い芯にぶつかった反動で外側へ跳ね返されます。その結果、超新星爆発と呼ばれる大爆発が引き起こされるわけです。

ただしそのような大質量星の数は少ないので、超新星爆発は、約１００億個もの星の集まりである銀河一個あたり、おおまかには１００年に一回程度しか起きない、極めて稀な現象です。

超新星爆発の後には、中心に形成された中性子星が周りに放出された大量のガスを明るく照らす超新星残骸が残ります（これは、白色矮星に照らされている惑星状星雲のスケールアップ版に対応します）。

この天の川銀河内で超新星爆発が起これば肉眼でも見えるため、まだ望遠鏡のない時代であっても記録が残っていておかしくありません。よく知られているのは、1572年にティコ・ブラーエがカシオペヤ座に発見した超新星SN 1572、1604年にヨハネス・ケプラーがへびつかい座に発見した超新星SN 1604です。

ところで、108〜109ページの画像は、ハッブル宇宙望遠鏡が撮影した、かに星雲と呼ばれる6000光年先にある超新星残骸です。この中心には、かにパルサーという中性子星があり、なんと1秒間に約30回という信じがたいスピードで自転しています（つまり地球の260万倍！）。超新星爆発の結果としてもとの星の中心部に誕生する中性子星は、その半径10キロメートルの中に太陽と同じ質量が詰まっています。これだけではピンとこないでしょうが、この中性子星の中の物質をスプーン一杯分取り出すと10億トンになる、と言えばその凄さがわかることでしょう。

実は、この超新星に関する記述が、中国の歴史書「宋史」と、藤原定家の日記である「明月記」に残されています。次見開きが「明月記」の該当箇所ですが、これは定家の直筆ではなく、定家から過去の「客星」について問い合わせを受けた安倍泰俊が送り返したメモです。客星とは、空に突然出現した明るく輝く原因不明の天体を指す言葉のようです。定家は巻物である自分の日記を一旦切断し、泰俊からの手紙とメモを貼り込んで再び繋げました。したがって、これは「明月記」の一部ではありますが、本当は泰俊の用意したメモなのです。その読み方と現代語訳は以下の通りです（これらは、東京大学史料編纂所の尾上陽介教授に教えていただきました）。

後冷泉院天喜二年四月中旬以後、丑時客星觜参度を出で、東方に見ゆ。天関星に孛す。大きさ歳星のごとし。

［1054年4月中旬以後、午前2時にオリオン座の東の方向に客星（超新星）が見えた。おうし座ツェータ星付近にあり、木星程度の大きさであった。］

京都大学花山天文台長である柴田一成教授によれば、この一文が1934年に日本のアマチュア天文家によって英語で紹介されたのをきっかけとして、この客星がかに星雲に対応した超新星だったと結論されたようです。その結果、この超新星は西暦1054年に爆発したことが突き止められました。日本の歴史史料が、現代天文学に、極めて貴重な貢献をした珍しく興味深い例ですね（ただし、かに星雲は6000光年離れていますから、実際は紀元前5000年頃に爆発し、その情報が地球に届いた

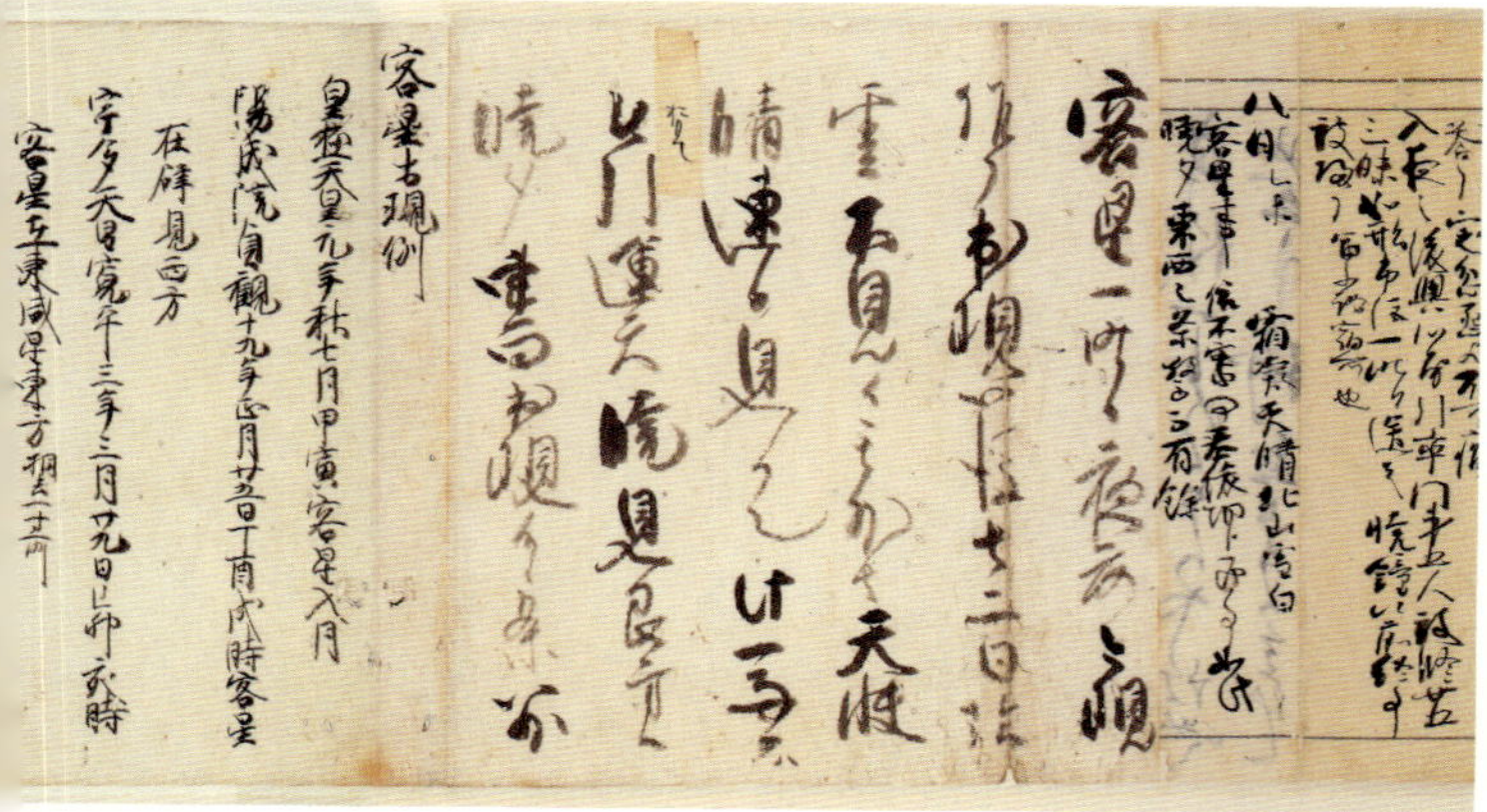

〔2〕「明月記」の中で1054年の客星（超新星）について記述された部分
公益財団法人冷泉家時雨亭文庫の許可を得て転載

後冷泉院天喜二年四月中旬以後丑時客星
出觜参度見東方孛天関星大如歳星

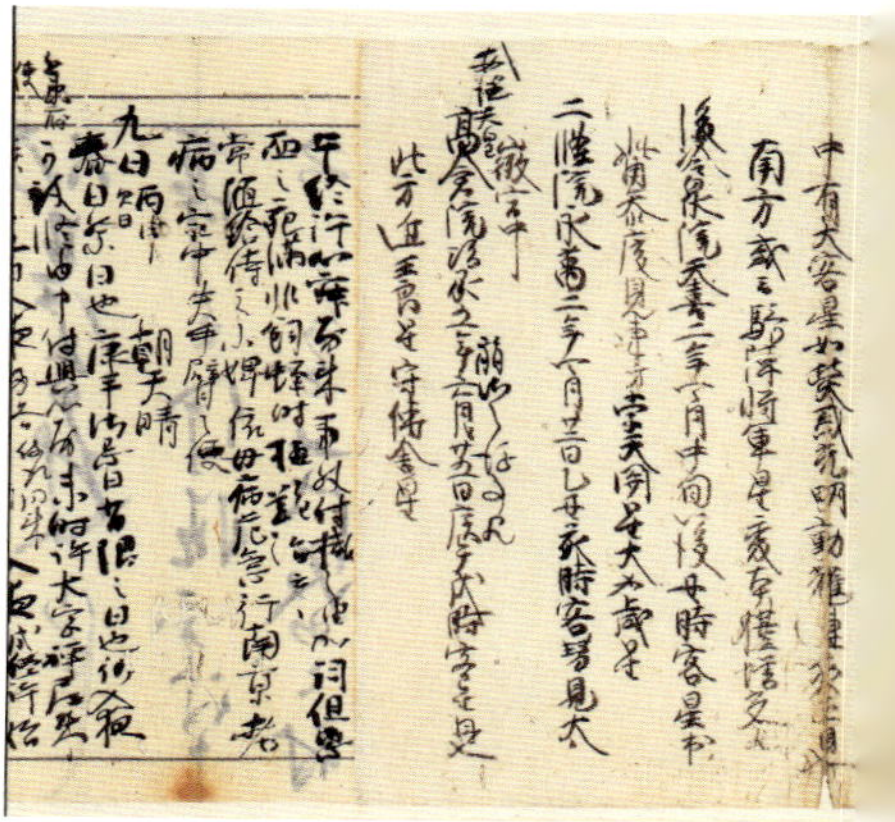

のが紀元1054年ということになります）。

私の両親はいずれも小さい頃に親を亡くしており、私は祖父母を知りません。そのため、身近な人が老いて死ぬという経験をしたのはかなり大きくなってからでした。小さい頃、母親に「人は誰でも死ぬのか？」と聞いて「そうだ」と答えられた時の、不思議さと恐ろしさは今でもはっきり覚えています。そう教えてくれた母もすでに他界してしまいました。

この世の中に生まれたわれわれは誰でもいずれは死ぬ運命にあります。今回紹介したように、それは星々もまた同じです。無数の星々が誕生し、進化し、やがて最期を迎える。その結果、宇宙空間に撒き散らされた物質を新たな原材料として、次世代の星が誕生する。まさに星の数ほど無数の天体の輪廻転生の繰り返しが、全体としての宇宙の進化なのです。人間の死もまた物事の終わりというよりも、未来を担う次世代の誕生という意味で、不可欠な過程だと解釈すべきなのでしょう。宇宙でもまた人間社会でも、すべてのものが永遠ではなくむしろ有限の寿命を持っていることは、未来のさらなる発展にとってとても大切だと思います。

14. 衝突し合体する銀河たち

平成29年の一年間に私の出身地である高知県内では、約２０００人が交通事故で負傷したそうです。人口約70万人で割り算すると、事故に遭う確率は約０・３パーセントです。この確率を用いて80年間一度も事故に遭わない確率を単純に計算すると80パーセント。逆に言えば、一生のうち５人に１人は（ごく軽いものも含めて）何らかの交通事故に遭うことになります。想像よりもずいぶん多いなあ、と驚かれたのではないでしょうか。といっても私は決して自動車保険のセールスをしているわけではありません。実はこの広い宇宙に散らばる銀河同士はこの高知県の交通事故率以上に頻繁に衝突している、というのが今回のお話です。

〔1〕衝突中の二つの渦巻き銀河
NASA, ESA, the Hubble Heritage Team (STScI/AURA)-ESA/Hubble Collaboration and K. Noll (STScI)

とはいえ、いくら数多くの銀河を観測したところで、それらが衝突している現場を発見するのは簡単ではありません。これは、交通事故を起こしたとしても、せいぜい数時間もすれば処理を終えて片づけられてしまうのと同じです。５人に１人が一生に一度は何らかの事故に遭うとしても、他人が偶然その瞬間を目撃してしまうことは滅多にありません。今回はその「一瞬」をとらえた画像をご紹介します。右ページの画像は、約４・５億光年先にある二つの渦巻き銀河（ＮＧＣ６０５０とＩＣ１１７９というのが名前です）が衝突している様子をハッブル望遠鏡が撮影したものです。

ところで、銀河は、その形状から不規則銀河、渦巻き銀河、楕円銀河などに分類されますが、その形状の違いがどうして生まれたのかはいまだに完全には理解されていません。エドウィン・ハッブルは、まず球に近い形状で誕生した銀河が、成長するにつれて歪んだ楕円形になり、やがて渦巻き銀河へ進化するものと考え、その順番に銀河を並べて分類することを提唱しました。今では彼の進化の解釈は正しくないことがわかっていますが、ハッブル分類あるいはハッブル系列と呼ばれる彼の銀河分類法自体は定着して用いられています。

かつては、銀河はいったん誕生した後、他の銀河とは関係なく独立に進化するとの考え方が主流でした。ハッブル系列は、その考え方に基づいて、銀河の形状の変化は、子どもから老人へと成長する際の年齢の違いに対応すると解釈されていたのです。

ところが、1980年代になると、われわれの宇宙を満たす物質の大部分は、光を出さないダークマターであることがわかってきました。そこで、そのような宇宙の中で、銀河がいかにして誕生し進化するのか、コンピュータシミュレーションを行ってみると、最初に現在の銀河よりもずっと小さなダークマターの塊が誕生し、それらが互いの重力によって引寄せあい、やがて衝突するたびに大量の光輝く星を生み出し、さらに合体してより大きな塊へと成長する過程を繰り返していることが明らかになりました。おかげで今では、最初に不規則銀河あるいは渦巻き銀河として誕生した銀河が衝突と合体を繰り返しながら、より大きな渦巻き銀河へ、そして楕円銀河へと成長して行くのが平均的な銀河の進化経路であると考えられています。

加えて最近では、ほとんどの銀河の中心には太陽の１００万倍から10億倍もの質量をもつ巨大ブラックホール（アインシュタインの一般相対論によって予言された天体で、ごく小さな領域に大量の質量が集中しているために、重力が強すぎて光さえもその外に飛び出ることができません。したがって、外から観測すると真っ黒な穴のように見えることから、ブラックホールと名づけられました）が存在していることもわかっています。銀河同士が互いに衝突合体するたびに、その中心のブラックホールもまたより巨大なものに成長します。このため、銀河の進化を考える際には、その中心のブラックホールの影響を無視することはできません。これは銀河とブラックホールの共進化と呼ばれ、最近の天文学の重要な研究テーマの一つとなっています。

このように、広い宇宙の中で、銀河が衝突し合体しつつある現場を発見し、詳細に観測することはとても大切なのです。というわけで、先ほどの画像をもう一度眺めてください。事故に遭ってへこんだ自動車のように、衝突によってお互いの渦巻きの分布が歪んでいることがくっきりと映し出されています。これらは何度も近づいたり離れたりしながら衝突を繰り返し、やがては合体した一つの銀河になるものと予想されます。その際にはあたかも自動車工場で修理された車と同じく、再びきれいな渦巻きの形状となり、衝突の痕跡がわからなくなります。

天の川銀河も過去には、より小さな銀河との衝突を経験したものと考えられてい

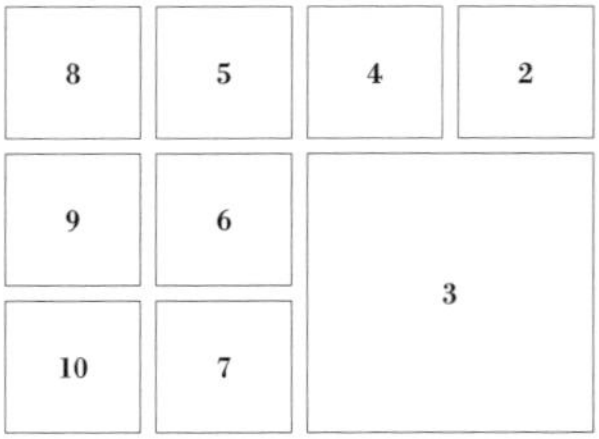

衝突中の銀河の数々

［2・4・5・6・7・9・10］Aaron S. Evans（バージニア大学、米国電波天文台 ストーニーブルック大学）らによる共同研究
© NASA, ESA, the Hubble Heritage Team (STScI/AURA)-ESA/Hubble Collaboration and A. Evans (University of Virginia, Charlottesville/NRAO/Stony Brook University)

［3］© ESA/Hubble, NASA

［8］© NASA, ESA, the Hubble Heritage Team (STScI/AURA)-ESA/Hubble Collaboration and A. Evans (University of Virginia, Charlottesville/NRAO/Stony Brook University), K. Noll (STScI), and J. Westphal (Caltech)

ます。逆に今から約50億年先の未来には、お隣にあるアンドロメダ銀河と衝突・合体し、巨大な一つの銀河になってしまうという理論的な予想もされています。残念ながらわれわれが一生のうちに交通事故に遭ってしまう確率が決して小さくないように、われわれが住むこの天の川銀河もまたそのような衝突を経験する運命から逃れられそうにはありません。

前見開きの画像は、ハッブル望遠鏡が撮影した衝突中の銀河の数々です。画像としての美しさはもちろんですが、これらは太陽の質量の１００億倍以上の巨大な天体同士の想像を絶するようなスケールの出来事であるとともに、この宇宙に新たに大量の星々を誕生させ続ける重要な役割をも果たしています。

ところで、高知県外出身で、現在は高知工科大学に勤めている知り合いの先生から「高知県の人たちは車の運転が荒いですね」と驚かれたことがありました。ただし、冒頭で述べた交通事故の割合は、全国平均と比較するとむしろかなり成績の良い部類に入るようなので不思議です。その先生が高知県人を誤解しているだけなのか、あるいは、確かに高知県人の運転は荒いのだがそれ以上に運転技術が優れているため事故には結びつかないだけなのか。高知県はおろかそれ以外のどこでもすでに30年間も、自分で車を運転していない私には正解はわかりません。

15. 時空を超える重力レンズの蜃気楼

今回はまず次ページの写真をじっくりと眺めていただきましょう。ここには今まで紹介してきた様々な天体が数多く写り込んでいます。渦を巻いたように見えるのはわれわれの天の川銀河と同じ仲間である渦巻銀河。ぼんやりとした丸あるいは卵形のものは楕円銀河。注意深く見れば、前回ご紹介した衝突中の銀河に気がつくかもしれません。さらに直接は見えませんが、超新星、惑星状星雲、白色矮星、中性子星、原始惑星系円盤、ハビタブル惑星など、ありとあらゆる天体がこの写真のどこかに存在しているはずです。

私たちは、多くの場合、光を通じて「もの」の存在を確認します。もちろんこれ

[1] 銀河団SDSS J1004+4112による重力レンズ4重像
（115秒角×81秒角）
© European Space Agency, NASA, Keren Sharon (Tel-Aviv University) and Eran Ofek (CalTech)

は天文学でも同じです。夜空に散らばる星々は、それらが光を発しているからこそ、そこにあることがわかります。

一方、50年ほど前から、天文学者は様々な知恵を絞って、直接光を発することのない天体の存在を明らかにしてきました。中でも最近注目されているのが、「重力レンズ効果」を利用する方法です。重力レンズ効果は、アインシュタインの一般相対論に基づくものなので、数学的に理解するのは難しいのですが、その結果は直感的には想像しやすいはずです。例を挙げつつ説明してみます。

すべての物体は、光っていようがいまいが、必ず質量をもっています。これは「重い」という意味なのですが、「重さ」は物体が存在する場所によって異なる値をとるので、物理学ではその代わりに物体に固有の値である「質量」という言葉を用います。一般相対論によれば、質量の影響でその周りの空間は歪みます。そのために、遠くから私たちに届く光は、質量をもつ天体の近くを通過する際にその経路が曲がってしまいます。

光の経路が曲がると聞くと難しそうですが、例えば、虫眼鏡（レンズ）を思い浮かべてください。虫眼鏡越しに方眼紙を覗けば、虫眼鏡の中と外では升目が歪んで見えますね。これは、レンズを通過する際に、光が曲がる（屈折）ためです。光が曲がる理由は違いますが、質量をもつ物体も同じく光を曲げる働きをするため、この現象は重力レンズ（効果）と呼ばれています。

この重力レンズ効果を用いれば、光っていない天体の存在（つまり、その質量）を推定できます。望遠鏡で遠方の銀河を数多く観測した結果、もしも一部の領域だけで銀河の形が歪んで見えていることがわかったなら、そのあたりに大質量の天体が存在しているため、重力レンズ効果が起こっているのだろうと結論できます。さらにその歪み具合を一般相対論の予言と比較することで、重力レンズを起こしている天体内の質量の分布とその総量が推定できるのです。

アインシュタインは、一般相対論を提案した直後に重力レンズが起こることに気がついたのですが、実際に観測することは到底不可能だと考え、論文として発表したのはそれから約20年後の１９３６年のことでした。ところが１９６３年に、遠方にある巨大ブラックホールの中に物質が落ち込む際に明るく輝く「クエーサー」という天体が発見されます。そしてこのクエーサーは、アインシュタインが不可能であると考えた重力レンズ現象の観測に理想的な天体なのです。

アインシュタインの重力レンズの論文の発表後40年以上経過した１９７９年、90億光年先にあるクエーサーQSO ０９５７＋５６１が二つの異なる像をもっていることが発見され、最初の重力レンズ観測例となりました。現在では約１００個の遠方クエーサーの光が、われわれに到達する途中にあるレンズ天体（通常は銀河）の強い重力によって歪められ、重力レンズ多重像として観測されています。逆に、その観測データを詳細に解析することで、そのレンズ天体の周りにある重力の強さ、したがってダークマターの量とその空間分布を推定できます。その結果、銀河や銀河団は、その光を出す主成分である星よりもはるかに大量のダークマターを持つことが明らかになりました。

さて、画像に戻ってみると、中央にひときわ明るくて大きな銀河があります。これは、60億光年先にある巨大楕円銀河です。この写真ではわかりにくいのですが、その銀河の周りには他の銀河が群れ集まって銀河団という大集団をなしています。この銀河団の周りに、台形の頂点のように位置する四つの白い天体があるのがわかるでしょうか？　実は、これらは一つの天体から発せられた光が重力レンズ現象によって曲げられて四つの異なる像を結んでいるのです。

この写真の四つの像のもととなっている天体は、巨大楕円銀河よりもさらに遠く、約１００億光年先にあるクエーサーです。そして、このような四つの像を生み出すために必要な空間の歪み度合いを計算すると、手前にある銀河団の明るさから推定した質量だけでは到底足りないこともわかってきました。つまり、この銀河団には正体不明の光を出さないダークマターが大量に存在していることも同時に示されたことになります。

もう一つ重力レンズの例を見てみましょう。１３２ページの画像はＳＤＳＳＪ１０３８＋４８４９とよばれる銀河団です。中央付近には大きな二つの銀河が見えますね。それらも含めてぼんやり黄色っぽく写っているのが、この銀河団に属する銀河の数々です。それらとは別に青く色づけされているのは、その銀河団よりもずっと遠くにある銀河です。遠くにあるために、それらは小さく見えているわけです。しかしそれらはよく見ると、とても銀河とは思えないほど細長く伸びた格好をしていることに気づきます。これこそが重力レンズ現象です。中央の二つの大きな銀河があるため、その周りの空間が歪みます。そのために、それらよりも遠くにある銀河の光は、私たちに届く途中で曲げられて、中央の銀河を中心とした円弧状の形に変形されて見えているのです。

ところでこの画像を眺めていると、笑っている猫の顔に見えてきませんか？　中央の二つの銀河が目、青い小さな銀河が鼻、そして重力レンズ現象によって引き伸ばされた遠方銀河が顔の輪郭です。実際、これを研究したグループは、不思議の国のアリスに登場する「チェシャ猫」というあだ名をつけています。

今回取り上げた写真は、１００億年前から現在に至る宇宙の銀河進化史、一般相対論が予言する空間の歪みを示す重力レンズクエーサー多重像、宇宙のダークマターという、現代天文学における重要な発見を三つも盛り込んだとても贅沢なものなのです。どうかもう一度じっくり隅から隅まで眺めて、１３８億年に及ぶ宇宙の歴史に思いを馳せてみてください。まだ誰も気づいていない発見が隠れているかもしれませんよ。

［2］宇宙のチェシャ猫
©NASA/ESA

16.★ 光で見える宇宙の果て

われわれが住む宇宙はほぼ無限に広がっていると考えられています。では、現在よりもさらに巨大な望遠鏡を建設できれば、その果てまで見通せるようになるのでしょうか。残念ながら答えはノーです。その理由は、宇宙の過去は今から１３８億年以前には存在しないためです。すでにお話ししたように、観測される遠くの宇宙は過去の宇宙でもあります。光の速度は有限なので、現在のわれわれが観測できる範囲は、１３８億光年の半径をもつ球の内部に限られます。さらに、誕生して数億年程度の宇宙には、そもそも星や銀河のように明るく輝く天体はまだ誕生していません。光る天体がない以上、そこを撮影しても何も写りません。

宇宙を玉ねぎのように幾層もの皮からなる球だと考えてください。玉ねぎの中心にいる現在のわれわれが、内側の皮から徐々に外側の皮に到達しその姿を明らかにしていくことが、より遠方の宇宙を見る観測の進歩に他なりません（左ページのイラスト参照）。

強調したいのは、内側から外側に向かって、中心から距離的に遠くなるだけではなく、より過去の時刻に遡っている点です。光は世の中で最も速く伝わるとはいえ、その速度は有限なので、届くまでに時間がかかるためです。つまり、１３８億光年の半径をもつ球より外側の領域から発せられた光は、現在のわれわれに届くまでに宇宙年齢以上の時間が必要なので、まだ見ることができないというわけです。

このような説明を聞くと、「その一番外側の皮（宇宙）のさらに外には宇宙は広がっていないのか？」との疑問をもたれるかもしれません。もちろん、その外側にも宇宙は広がっています。この玉ねぎの外側の皮は、全宇宙の中で現在のわれわれが観測することができる境界面に過ぎず、ほぼ無限に広がる宇宙全体から見るとごく一部の領域でしかありません。

私は小さい頃、高知県室戸市の海岸沿いの家で、毎日太平洋を眺めながら育ちました。むろん水平線の先には何も見えません。でもその先には何もないどころか、太平洋がずっと広がっているのだと教えられた時、とても驚きました。これは宇宙の観測でも同じです。現在のわれわれが観測できる境界となっている１３８億光年

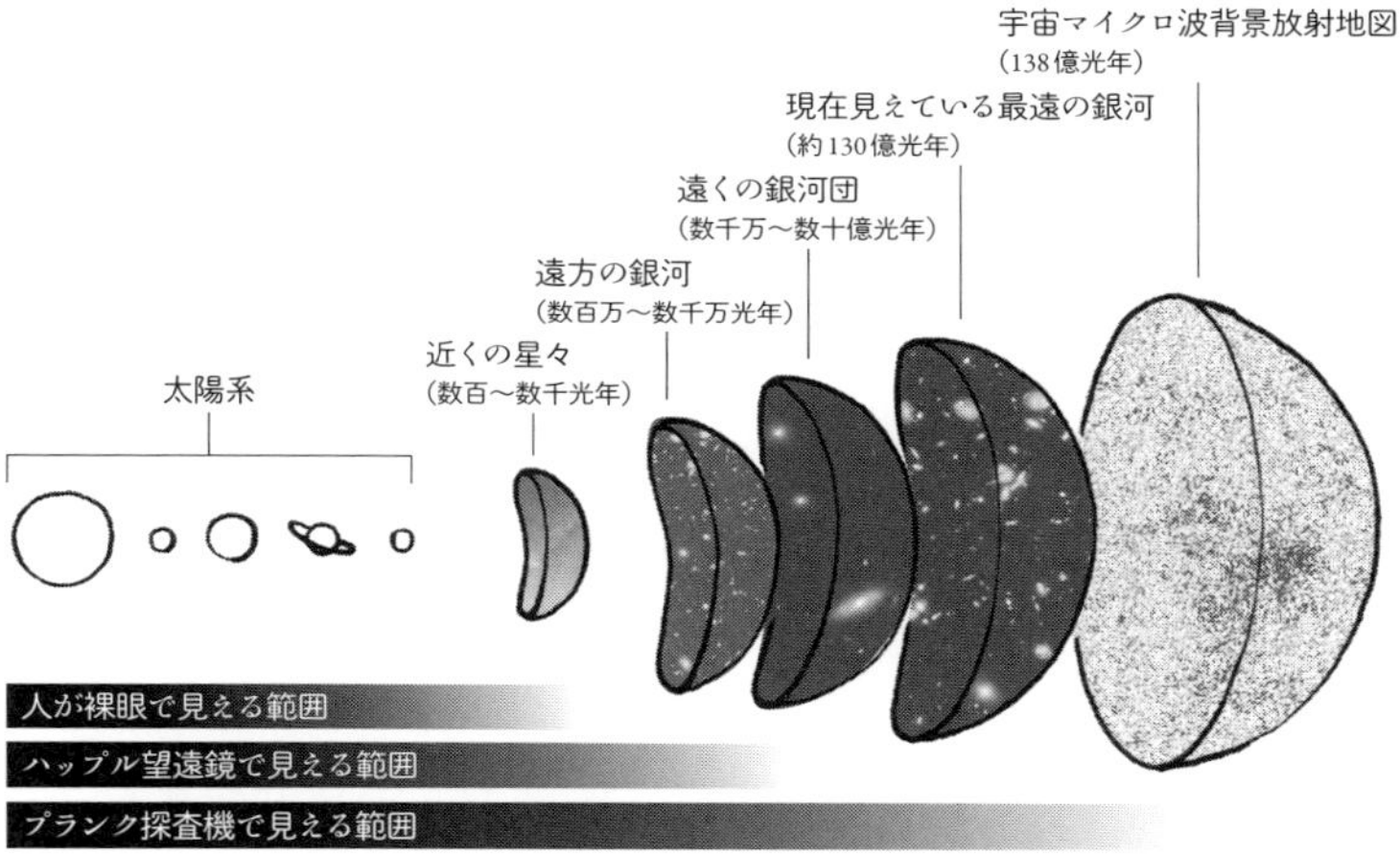

の球面は、それより先に宇宙がないわけではなく、それより先が見えないだけという意味で「宇宙の地平線」と呼ばれています。海の場合、水平線の向こうを見るにはその先まで船を進めればよいのですが、宇宙の地平線の場合はこれとは異なり、時間の経過とともにその先が見えるようになるまでじっと待つしかありません。今から100億年後を考えると、観測可能な球体の半径は238億光年に広がります。そしてその時にわれわれに届く光は、現在は見えない地平線の先にある領域の姿を伝えてくれます。

さて、もう一度玉ねぎを思い浮かべてみましょう。われわれに近い皮、すなわち、ごく近くに位置している惑星や星から出た光はほぼそのままの色で観測できるのですが、遠くになるほどその場所の天体からの光は赤っぽくなります（これは、波である光の波長が宇宙の膨張とともに伸びるためです。例えば、われわれが目で見える可視光は波長が伸びると赤くなり、赤外線と呼ばれる目には見えない波長の光になります）。そのために、遠くの宇宙の観測には、可視光

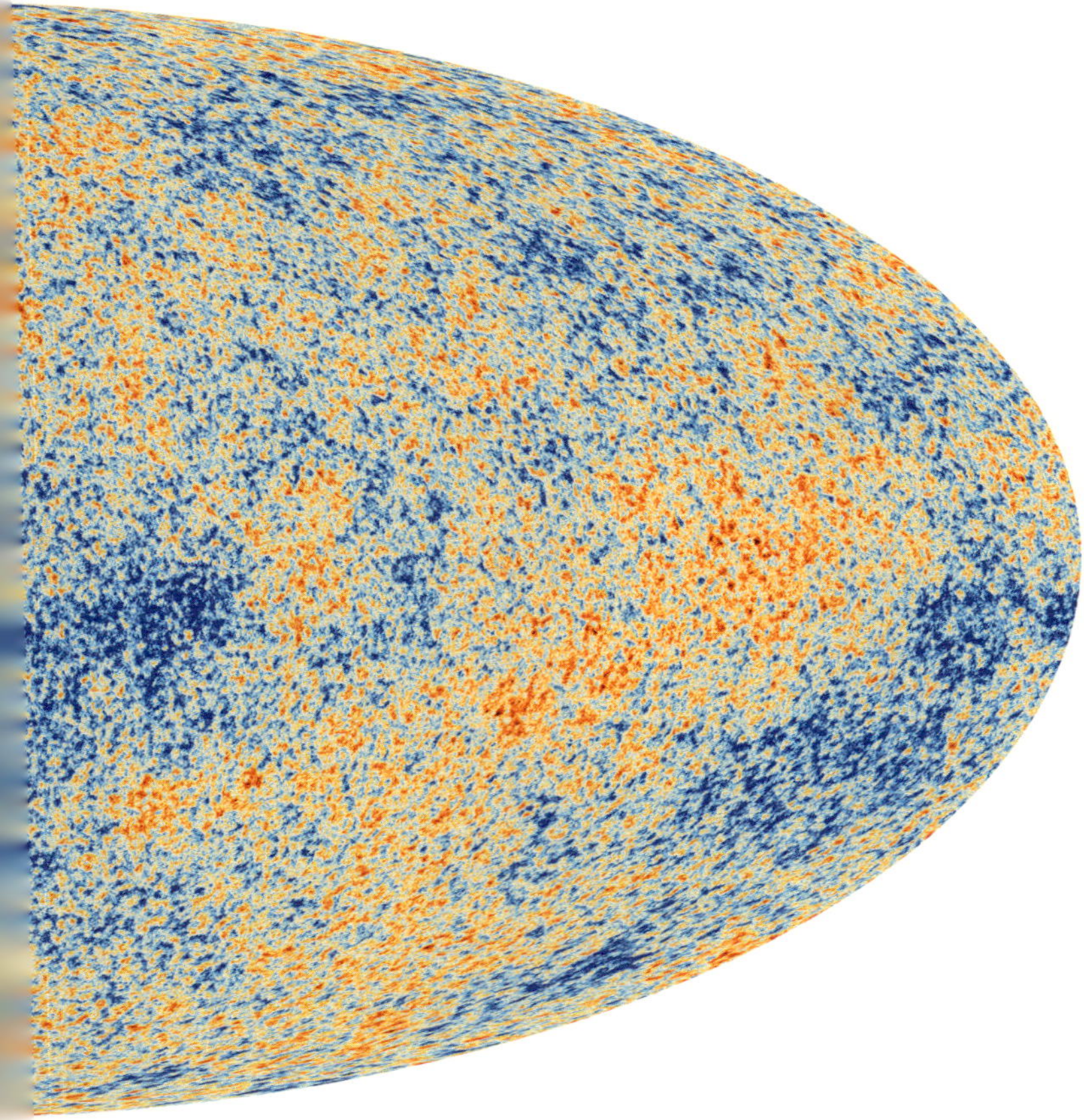

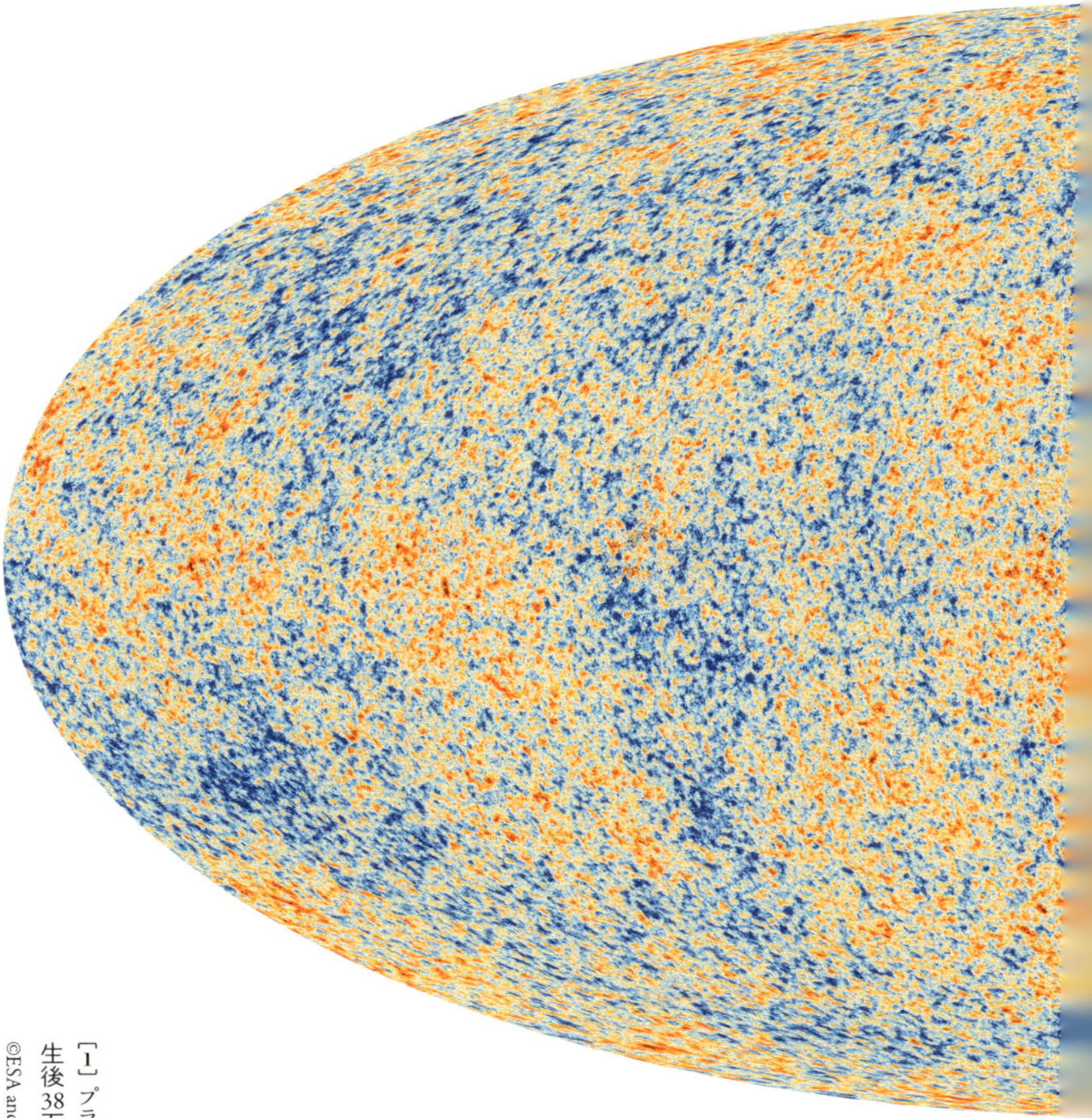

[1] プランク探査機による誕生後38万年の宇宙
©ESA and the Planck Collaboration

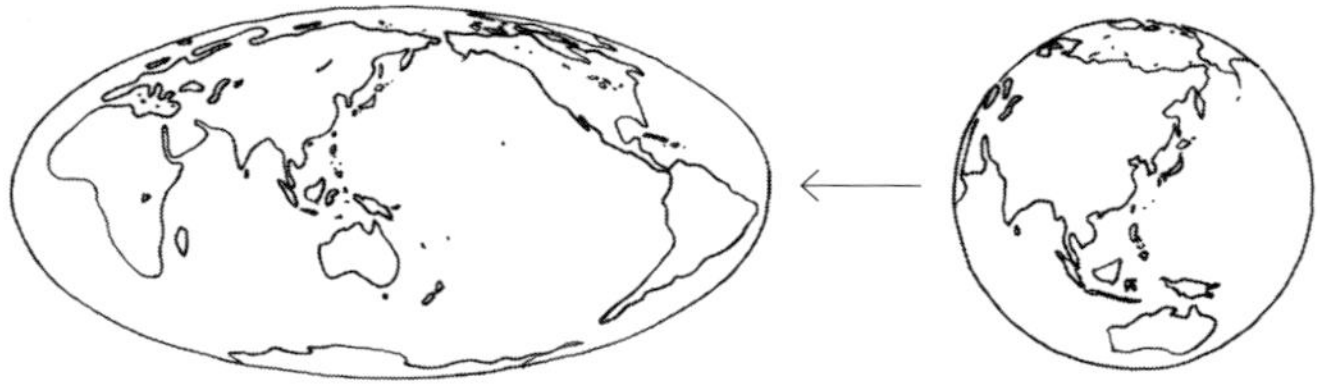

より も 赤外線、そしてさらに、はるか遠くになるともっと波長の長い電波のほうが有利になってきます。

しかし、その電波ですら観測できるのは、地平線球の外側（宇宙が誕生した瞬間に対応します）から38万光年分だけ内側の皮までなのです。つまり、この時の宇宙の年齢は38万歳です。0歳から38万歳に当たる領域では、宇宙の主成分である水素原子は、中性ではなく、陽子と電子がバラバラになって分布しています。そこを通過する光は、たちまち電子とぶつかってしまい真っ直ぐに進めません。これは、濃い霧のために遠くの景色が何も見えなくなるのと同じ理屈です。このために、光で観測できる宇宙は、38万歳以降の宇宙に限られます。

実際に、光で観測できる宇宙の果ての画像が前ページです。これは、ヨーロッパの観測衛星プランクが２０１３年に発表したもので、われわれを中心とした半径約１３８億光年先の球面を、ちょうど地球儀を切り開いて世界地図にするようにして平面に描いたものです。宇宙誕生38万年後の宇宙の温度は約３０００度で、鉄ですら溶けるどころか、沸騰して気体になるほどの高温です。当時発せられた赤外線は、宇宙の膨張につれて波長が伸び、現在のわれわれにはマイクロ波と呼ばれる波長の光である電波として届きます。そのため、この画像は宇宙マイクロ波背景放射地図と呼ばれています。背景放射とは宇宙の天体そのものからの光ではなく、その背後を満たしている光であることを意味しています。

この地図は、かつて宇宙が高温高密度であった時期の名残を示す、いわば初期宇宙の光の化石です。もちろん電波は目に見えませんから、このような色がついているわけでありません。現在観測されるこの光の温度は、平均的には摂氏マイナス270度（絶対温度で3ケルビン）に対応しますが、方向ごとにごくわずかだけ異なっています。その温度の違いを、異なる色で表現しているのです。緑が平均的な温度の場所、赤はそれよりも約1万分の1度だけ高温、青は約1万分の1度だけ低温の場所に対応します。

この温度地図からわかることは二つです。一つ目は、宇宙のあらゆる場所は温度にしてせいぜい1万分の1程度の違いしかないほど良く似ていることです。これは本当に驚くべき事実です。この地図の北極と南極からわれわれに届いた二つの光は、宇宙誕生以来一度も交わったことがありません。にもかかわらず、それらの温度がほとんど同じなのは実に奇妙です。あたかも地球とは全く別の星に住む宇宙人と初めて出会った時に、彼らが地球人と瓜二つだったようなものです。宇宙のインフレーションモデルという言葉を聞いたことがあるかもしれませんが、そのモデルはまさにこの謎を説明するために提案されたものなのです。

二つ目は、これとは逆に、ごくわずかではあるが宇宙の温度は場所ごとに違っているという事実です。約1万分の1の温度の違いは、それと同じ程度の質量密度の違いを意味します。その場所ごとの密度の違いは時間とともに成長し、やがて星や銀河のような天体を作り出す種となります。

この宇宙マイクロ波背景放射温度地図の情報を初期条件とすれば、物理法則にしたがって現在の宇宙の姿を予言できます。そしてそれは、大枠としては現在の観測データを見事に説明します。つまり、この宇宙誕生後38万年の地図には、138億年後の宇宙の未来に対応する情報が埋め込まれているのです。

[2] プランク探査機。保護用のカバーを外しているところ
© ESA - S. Corvaja

17.

29＋36＝62の発見でノーベル賞

米国の重力波検出施設ＬＩＧＯ《ライゴ》は、13億光年先にある二つのブラックホールが合体した際に放出した重力波を、日本時間の２０１５年9月14日18時50分45秒に初めて検出しました。太陽の29倍と36倍の質量をもつブラックホール連星が合体して62倍太陽質量の一つのブラックホールになった瞬間、それらの差である太陽質量の３倍分の莫大なエネルギーが、わずか0・1秒以内に時空を歪める波として放出されたのです。この「ＬＩＧＯ検出器とその重力波観測に決定的な貢献を行なった」米国人３名に対して、２０１７年のノーベル物理学賞が授与されました。今回は、この物理学史に残る大発見を紹介してみようと思います。

アインシュタインの一般相対論によれば、質量をもつ物体の周りの空間は歪んでいます。いきなり「空間が歪む」と言われても何のことかわからないでしょうが、大丈夫。次に挙げる例で直感的に納得していただければ十分です。

よく晴れた風のない日の静かな池を思い浮かべてください。池の水面はほとんど平らです。でも、そこにボートをそっと浮かべれば、ボートの周りの水面の高さが変化します。その結果、周囲に浮かんでいた葉っぱなどはその影響を受けて移動します。実はこれは、二つの物体同士になぜ引力（重力）が働くのかを説明する一般相対論の考え方に対応しています。この例で言う池の水面の高さの変化が「空間の歪み」で、それによって周囲の物体が受ける効果が「重力」というわけです。

これはボートがじっと静止している場合ですが、もしそのボートが急に動き出すと水面が大きく変化し、やがて波となって外へと伝わります。同じように、重力の源となる物体が激しい運動を行えば、その周りの空間の歪みは時々刻々変化し、やがて外へと伝わる波が発生します。これが重力の時間変化を他の空間へ伝える波、すなわち重力波です。

実はアインシュタイン自身ですら、自らの理論から導かれる重力波は数学的に無意味な解ではないかと疑った時期があったほどで、重力波の実在は物理学者の間で理論的大論争を引き起こしました。しかし、１９７４年に二つの中性子星からなる連星系が発見され、その運動を調べた結果、重力波によってその連星系がエネルギーを失っているとする一般相対論の予言とぴったり一致していることが確認され、重力波の存在は「間接的」に証明されました。この業績により、米国プリンストン大学のジョゼフ・テイラーとラッセル・ハルスは、１９９３年のノーベル物理学賞を受賞しています。

といってもそれはあくまで間接的な証明でしかありません。物理学者は、地上で重力波を直接検出することを長年の夢として研究を続けました。

どうして「夢」だったのかといえば、この重力波は想像を絶するほどわずかな変化しか及ぼさないからです。重力波の強さは、互いに離れた2点間を重力波が通過する際に、もとの距離に対して伸び縮みする変化分の割合（あるいは空間の歪み）に対応するhというパラメータで表されます。考えられる天体現象からはせいぜい$h = 10^{-21}$程度の信号しか期待できませんが、これは装置の長さに対して、その21桁も小さい変化分（1兆分の1のさらに10億分の1！）を検出できる計測技術が必要という意味です。これは、地球と太陽間の距離1・5億キロメートルがわずか原子1個分だけ変化するのに等しいのですが、こう表現したところで、まだピンとこないことは変わらないかもしれません。でもとにかくそれほどわずかな変化でしかないのです。それを実験的に検出するなど、不可能としか思えません。

この重力波直接検出を目指した研究は、１９６０年代から世界中で試みられており、日本でも東京大学物理学教室において故平川浩正教授が独創的な検出器を開発

［1］ＬＩＧＯ実験施設。ハンフォード（上）、リビングストン（下）
©Caltech/MIT/LIGO Lab

［2］平川浩正教授と重力波検出器（１９７１年撮影）
提供…坪野公夫

し、先駆的な基礎実験を行っていました。実は私は大学院の最初の2年間、平川先生の研究室で指導していただきました。しかし、重力波検出実験の途方もない困難さと自分の才能の限界を思い知り、研究分野を転向してしまった落伍者です。ところが、当時から30年以上にもわたり、世界中の研究者が知力と情熱を傾けて検出器の感度を向上すべく努力を続けた結果、ついにその不可能が可能となったのです。

この大発見を成し遂げたＬＩＧＯは、ワシントン州ハンフォードとルイジアナ州リビングストンの、約３０００キロメートル離れた地点におかれたL字型の二つの腕からなる実験施設です。それぞれの腕の長さは4キロメートルで、重力波が到来した際の二つの腕の長さの微妙な変化分は、レーザー光を用いてそれぞれ独立に精密に測定されます。重力波以外の装置の雑音や地震によっても頻繁に長さが変化するため、遠く離れた2点で、同じ時刻に同じ時間変化を示す信号を独立に検出することが大切なのです。

さて、人類史上初めて検出された重力波は、日本時間の15年9月14日18時50分45秒にやってきました。次ページの図は、この2カ所で同時に観測された検出器の二つの腕の長さの微小なずれの時間変化の様子です。わずか0・2秒間以内に得られたこの信号が、歴史的大発見になりました。さらに驚くべきは、その重力波を発生させた天体の正体がブラックホール連星だったという事実です。

そもそも地上で検出可能なほど大きな重力波を発生させることのできる天体の候

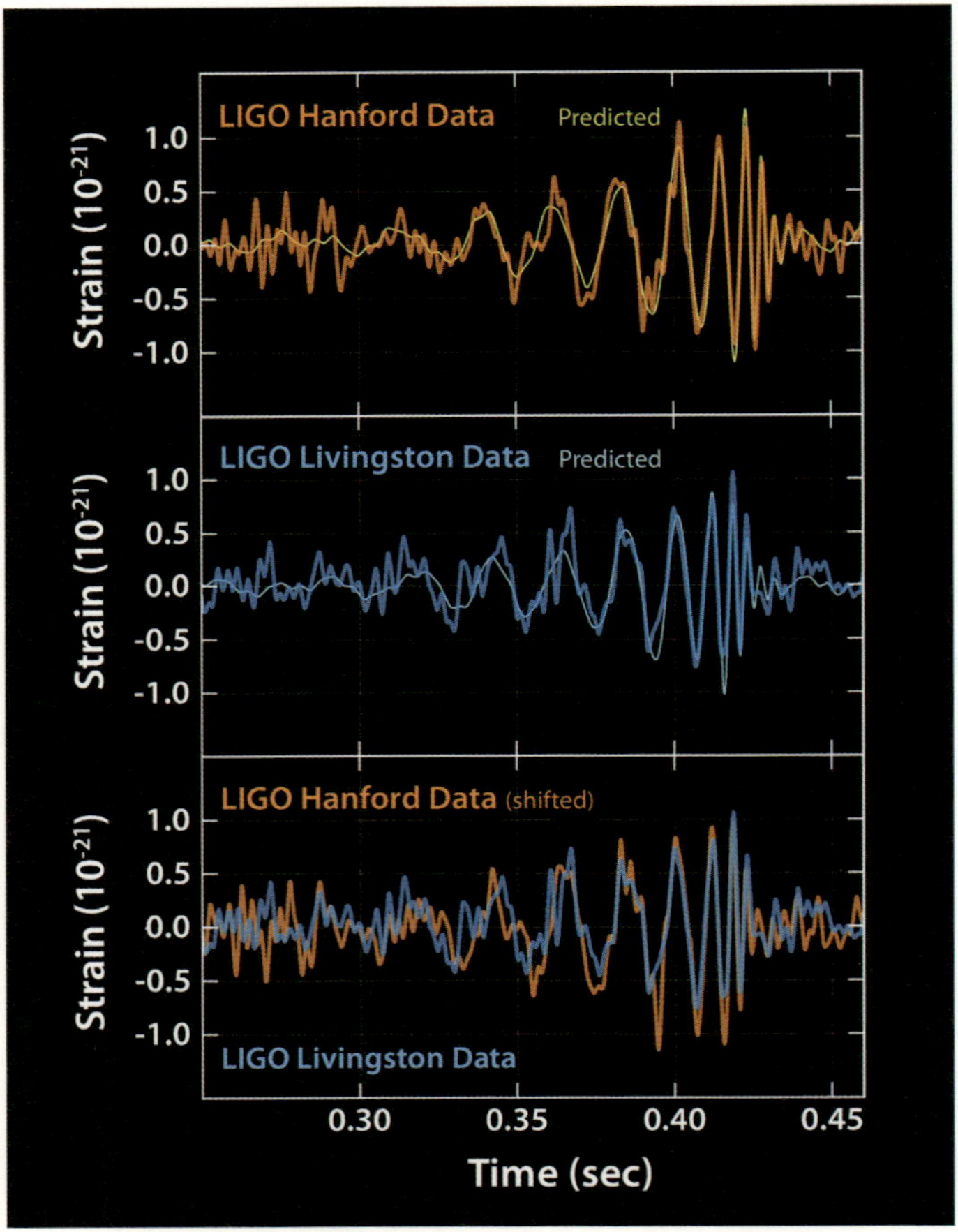

［3］ハンフォード（上）とリビングストン（中）で記録された信号のグラフ。それぞれ太線が測定値、細線が理論値を表し、横軸は時間、縦軸はゆがみの量（1・0は「1000億の100億倍」分の1）。一番下は2カ所のデータの時間のずれなどを揃えたもの

©LIGO

補というのは、極めて限られています。テイラーとハルスが発見した中性子星連星は今から数億年先には合体するはずですが、その合体直前の瞬間にだけ、地上でかろうじて観測可能な大きさの重力波を放出するものと予想されています。実際、LIGOはまだ知られていない遠方の中性子星連星が合体直前に出す重力波を検出することを目標として建設されました。しかし、ノーベル賞受賞対象となった重力波源は、13億光年先にある二つのブラックホールが互いに公転しつつ衝突・合体し、一つのブラックホールを形成した瞬間に出されたものだったのです。

重力レンズの回でも簡単に触れましたが、ブラックホールについてももう一度説明しておきましょう。ブラックホールは、一般相対論の基礎であるアインシュタイン方程式の解として予言されました。それを最初に導いたのはアインシュタインではなく、カール・シュバルツシルトというドイツの天文学者です。彼は、1914年に第一次世界大戦が勃発すると自ら志願して入隊します。1915年に一般相対論が発表されると、ロシアで従軍中であったにもかかわらずその厳密解を発見し、アインシュタインに手紙を送りました。これは現在、シュバルツシルト解と呼ばれ、最も単純かつ重要なブラックホールの例となっています。

アインシュタインは、複雑な一般相対論に厳密解が存在するなどとは夢にも思わなかったため、その結果にとても驚いたようです。早速シュバルツシルトのためにその論文をドイツ・アカデミーに推薦し提出しましたが、論文が発表された4ヶ月後の１９１６年５月11日、シュバルツシルトは病死してしまいます。戦争の最前線にいながら最先端の物理学の研究を続け、アインシュタインですら気がつかなかった答えを発見するとは、まさに驚嘆すべき才能と強靭な意志の持ち主ですね。

さて、このシュバルツシルト解とは、ある半径の球の内部に大量の質量が存在すると、あまりに重力が強くなりすぎて、光ですら脱出できなくなる状況に対応します。これもまた、たとえを用いて説明してみましょう。

地面から空に向かってボールを投げる場面を想像してください。どんなに思いっきり投げても、そのボールはやがて地面に落ちてきます。これは地球の重力のためです。しかし、もしも地球の重力をふりきれるほど大きな速度でボールを投げる装置を作れば、そのボールを地球外に脱出させることが可能です。人工衛星の打ち上げがまさにこの例です。

ところで、地球よりもずっと重力の強い天体の場合、その天体から脱出するために必要な速度はさらに大きくなります。ところが、いかなる物体も光の速度を超えることはできません。とすれば、光の速度をもってしても脱出できないほど強い重力を持つ天体からは何ものも脱出できないことになります。まさにこれがシュバルツシルト解であり、ブラックホール（黒い穴）というニックネームの由来でもあります。

このようにブラックホール自身は直接光を出しませんが、その周りの物質はブラックホールに落ち込む際に大量の光を放出します。その例は遠方にあるクエーサーで、太陽の10億倍程度の質量をもつ超巨大ブラックホールに周りのガスが落ち込むことによって、大量のエネルギーを放出しているものと解釈されています（125ページからの重力レンズの回を参照）。つまり、ブラックホールは暗くて観測できないどころか、宇宙で最も明るい天体なのです。

さて、太陽の数倍程度の質量をもつブラックホールが、普通の星とペアとなって連星系をなしている例はこれまでにいくつか知られていました。しかしながら、二つともブラックホールからなる連星系というのは通常の光では観測できず、そのようなものが存在することは知られていませんでした。そのため、ブラックホール連星は理論的にはありうるものの、ほとんどの天文学者はそれが本当に存在する確率は限りなく低いと思い込んでいたのです。

だからこそ、太陽の29倍と36倍の質量をもつブラックホール連星系が合体し、太陽質量の62倍の一つのブラックホールになる瞬間をとらえた今回の発見は、世界中の研究者を驚愕させました。ちなみに今回検出された信号は、4キロメートルの腕の長さを1兆分の1のさらに1万分の1センチメートル程度だけしか変化させない、想像を絶する小ささでした。

29＋36－62＝3という結果から、これらのブラックホール合体前後の0・1秒間程度に太陽質量の3倍にも相当する莫大な質量が重力波のエネルギーとして放出されたことになります。われわれの太陽がその一生、約１００億年をかけて放出するエネルギーの総量は、そのわずか０・１パーセント足らずですが、このエネルギーのおかげで地球の生物界、さらに現代社会が成り立っています。今回のブラックホール連星はその３０００倍もの莫大なエネルギーを、しかも文字通り一瞬に放出し尽くしたのです。宇宙ではわれわれの想像力をはるかに凌駕した現象が起こっている、いやそれどころか、そのような現象で満ち溢れているようです。

18.★ 中性子星を巡る冒険

[1] この1枚の金貨は、筆者の父の形見なのだが、その起源をさらに遡ると……

アインシュタインが一般相対論を発表した100年後の2015年、前回紹介したように予言されていた重力波が初めて直接検出されました。そのわずか2年後、今度は二つの中性子星が合体した際の重力波が検出されました。前者は極限的な実験技術によって一般相対論を証明しノーベル物理学賞に輝いたほどの画期的成果です。これに対して、後者は重力波が電磁波と並んで重要な観測手段として確立したことを示すもので、前者に劣らないほど重要な天文学的意義をもちます。重力波そのものについては前回すでに説明しました。今回は、中性子星の研究の歴史から始めて、中性子連星合体からの重力波検出の意義を紹介したいと思います。

地球上に存在するすべての物質は、原子からできています。原子は中心に原子核があり、その周りを複数の電子が回っている、いわば惑星系のような構造をしています。これはニュージーランド出身で1908年にノーベル化学賞を受賞した物理学者エルンスト・ラザフォードが1911年に提案した原子モデルに基づいた描像です。より正確には、量子力学と呼ばれる現代的な理論で記述されるのですが、直感的にわかりやすいので、とりあえずそのようなイメージで理解しておけば良いでしょう。ちなみに、日本の長岡半太郎は1904年、ラザフォードに先駆けて電子が土星の輪のようなリング状に分布しているとする長岡の原子モデルを提案しています。ラザフォードも彼の1911年の有名な論文の中で、長岡モデルを引用しています。

原子の中心にある原子核はとてつもなく小さく、10のマイナス13乗センチメートル程度（原子の約10万分の1）のサイズでしかありません。ラザフォードは、原子核には、電子の約1800倍の質量で、電子の電荷と絶対値は同じだが符号が異なる（つまり正電荷の）粒子が存在することを発見し、これを「陽子」と名づけました。さらにその後の実験を経て、陽子だけでなく、陽子とほぼ同じ質量でありながら電荷を持たない未知の粒子が存在しなければ、原子核の電荷と質量を同時に説明できないことに気づきました（1920年）。

ラザフォードが提案したこの未知の粒子は、1932年にエドウィン・チャドウイックによって実験的に発見され、「中性子」と名づけられました。その結果、原子核とは陽子と中性子が集まった複合体であることがわかったのです。通常の物質を構成する原子の中心にある原子核の場合、その中にある中性子はせいぜい数十個程度です。しかし中性子が発見された翌年には、旧ソ連とアメリカの物理学者らによって、星全体が主として中性子から構成された天体が存在する理論的可能性が指摘されました。その天体は太陽とほぼ同じ質量を持ちながら、半径はわずか10キロメートル（太陽の半径の7万分の1）しかありません。星全体が中性子を主成分とする超巨大原子核だとみなせることから、中性子星と呼ばれるようになりました。

中性子星はあたかもSF小説のような仮説です。それを構成する物質は、角砂糖1個の体積ですら10億トンの質量になる、とんでもない高密度です。そんなものが、宇宙で自然に誕生することなど不可能としか思えません。しかしながら、提案した人たちがいずれも錚々たる物理学者だったためでしょうか、この中性子星はあくまで理論的天体としてではあっても、大いに注目を集め研究されました。

それから約30年後の1967年11月28日、英国ケンブリッジ大学のアントニー・ヒューイッシュと、大学院学生ジョスリン・ベルは、大学構内に設置した電波望遠鏡の観測データの中に奇妙な電波パルス信号を発見します。現在では、観測データはすべてコンピュータ上に取り込まれますが、当時は一定の速度で流れている巻紙の上を、信号の強さに応じて動くペンがデータを記録するチャートレコーダーが用

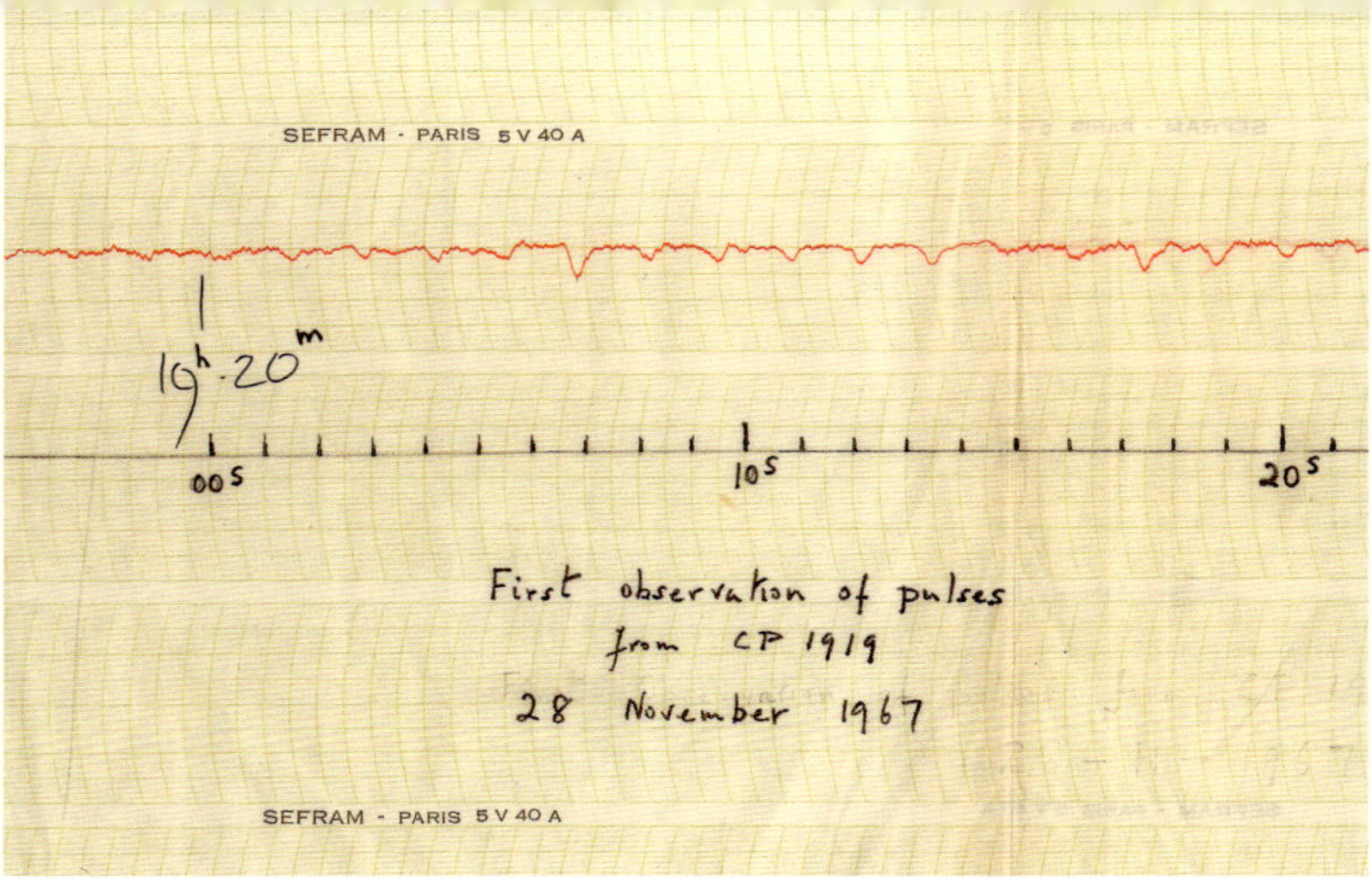

いられていました。上ページの図の赤線が、彼らが発見した信号の記録です（下の黒線は参考のための時間間隔を示す目盛りです）。約１・４秒の規則正しい周期のパルスが到来していることがわかります（この図では、下ほど信号が強くなる向きに対応します）。その周期は１００億分の１秒の精度で一定であったため、最初は地球外高度文明からの信号ではないかと考えられ、ＬＧＭ-１（Little Green Men-1）と名づけられたほどです。しかし、その後、これは中性子星がその自転に伴って発する電波であることがわかり、「パルサー」と呼ばれる天体の発見第一号となりました（彼らはケンブリッジパルサーの頭文字と天体の座標を組み合わせてＣＰ１９１９と名づけましたが、現在ではパルサーの頭文字から、ＰＳＲ１９１９＋21と呼ばれています）。ちなみに、この発見によりヒューイッシュは１９７４年のノーベル物理学賞を受賞していますが、ベルは共同受賞を逃しています。これは彼女が女性あるいは学生であったためではないかとの憶測がなされ、長い間大きな議論を巻き起こしました。

　驚くべき発見はまだ終わりません。１９７４年、米国マサチューセッツ大学のジョゼフ・テイラーと大学院生ラッセ

〔2〕ヒューイッシュの論文に記載された、初めて発見されたパルサー信号波形（The Papers of Antony Hewish, HWSH Acc. 355）。アントニー・ヒューイッシュ教授の承諾を得て掲載
© Churchill Archives Centre, Cambridge

ル・ハルスは、プエルトリコにあるアレシボ電波望遠鏡を用いて、新たなパルサーを発見しました。ところが、その電波パルス信号は7・75時間の周期的変動をしていることがわか

上
〔3〕マラード電波天文台に設置された、遠方の電波源のまたたき（interplanetary scintillation…IPS現象）を検出するための観測装置
© University of Cambridge

下
〔4〕観測装置の前のベル。1967年撮影
© University of Cambridge

りました。これは、そのパルサーが、別の中性子星と重力で引き合いながら互いの周りを公転している連星系であるためです。これが史上初の中性子星連星の発見でした。

さらに重要なのは、このように大質量の天体がわずか8時間足らずの周期で互いに公転する場合、重力波の放出にともなって公転周期が減少することです。詳しい計算によると、その周期は1年あたり、わずか76・5マイクロ秒（公転半径にして3・5メートル）ずつ短くなるはずです。ハルスとテイラーは、20年近く観測を継続し、実際にこの中性子星連星の公転周期が、一般相対論の予言通り減少していることを証明しました。前回も少しお話しした通り、間接的にではありますが、重力波の存在を証明したわけです。実際、彼らはその業績によって1993年のノーベル物理学賞を共同受賞しています（ノーベル賞委員会はベルが受賞しなかった際の非難を繰り返したくなかったためハルスを共同受賞者にしたのではないか、との説もあります）。

さて、ハルスとテイラーの発見した中性子星連星は、重力波を放出しながら徐々に接近し、今から3億年後には合体して、膨大なエネルギーを重力波として放出するはずです。2017年8月17日に検出された重力波信号は、ハルスとテイラーが発見した系とは別の中性子星連星が合体した瞬間に発せられたものです。

前回取り上げたブラックホール連星合体からの重力波検出は、素晴らしい歴史的業績ですが、ブラックホールであるが故に、重力波以外の電磁波では観測されていません。これに対して、今回の中性子星連星合体の場合、ＬＩＧＯチームが重力波を検出後、すぐさま世界中の90を超える研究グループに情報を伝えた結果、地上望遠鏡と宇宙望遠鏡合わせて70以上の天文台がその信号の方向に向かってこぞって観測を始めました。そのおかげで、γ線からX線、紫外線、可視光、赤外線、電波にわたる広い波長帯で信号が観測でき、中性子星連星合体に関する理解が飛躍的に進みました。もちろん日本の観測グループも貢献しています。

今回の観測結果は、皆さんもお持ちになっているかもしれない貴金属のほとんどは、なんとこの中性子星連星合体によって生成されたとする理論的仮説をほぼ裏づけるものでした。私たちの体を構成する炭素をはじめとする元素はすべて、かつて宇宙のどこかの星の中心で合成され、その後の星の進化の過程で宇宙に飛び散ったものだと先に述べました。今回、さらに重い金属は、かつてどこかで合体した中性子星連星の名残であることがわかったのです。つまり、中性子星合体は宇宙の錬金術そのものです。もしも、金製品をお持ちでしたら、それははるか昔どこかで起こった中性子星合体時に形成され、宇宙空間を旅した結果、46億年前に誕生した太陽系の原材料となり、現在皆さんの手元にたどり着いたことになります。

このようにいかに突拍子もない仮説であろうと、物理法則と矛盾しない限り、この広い宇宙のどこかではそれが必ず実現するということは、天文学が繰り返し証明してきました。本当に心躍る大発見だと思います。

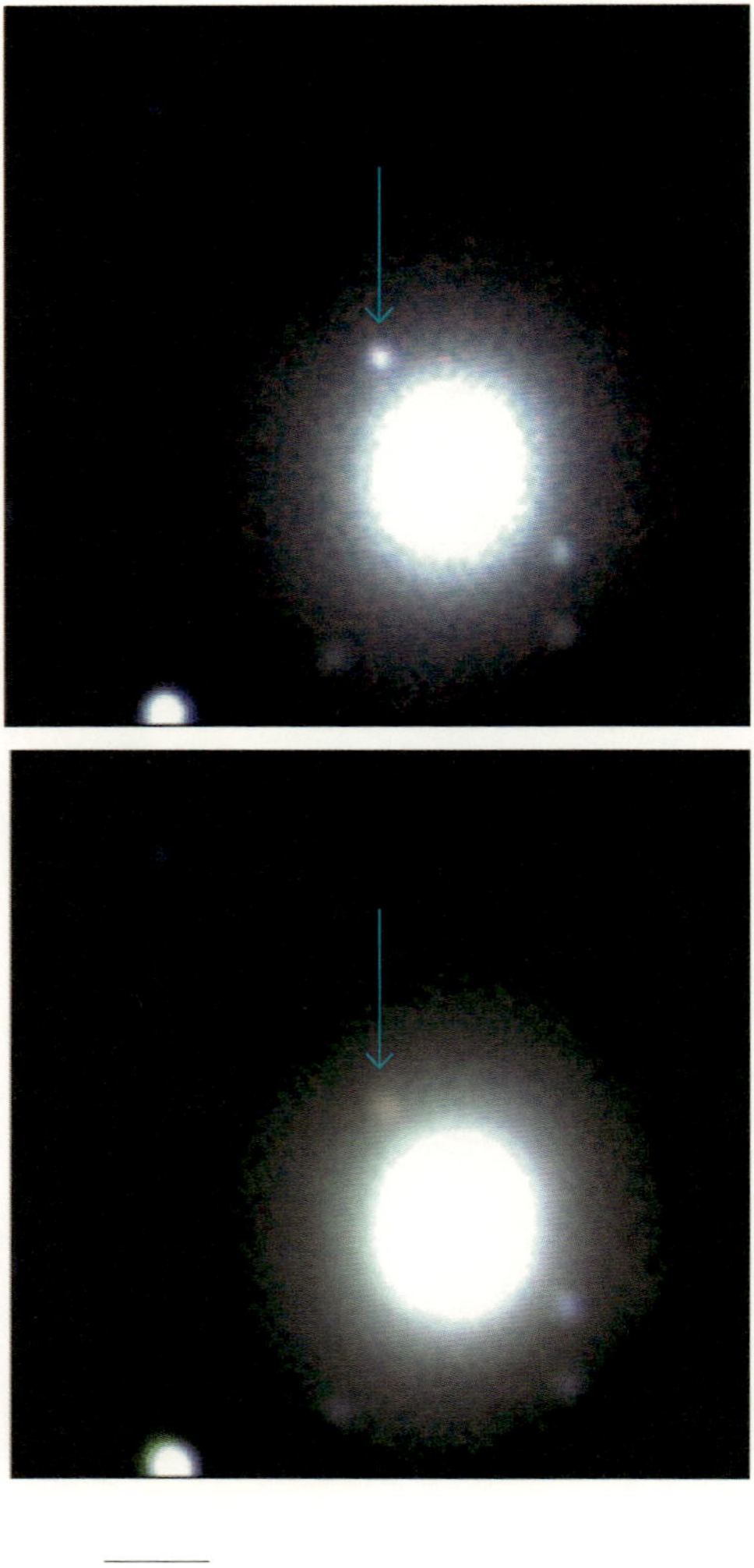

〔5〕日本の重力波追跡観測チーム J-GEMが撮影した重力波源 GW170817（矢印）。2017年8月18～19日（上）、24～25日（下）
©国立天文台／名古屋大学

19.

われわれは星の子ども

すでに本書に何度か登場した米国の惑星科学者カール・セーガンは、数多くの有名な言葉を残しています。その一つが「われわれは星くずからできている」です。われわれの太陽系を構成しているすべての物質は、周期表でおなじみの元素からできています。そしてこの元素の起源は、繰り返し述べてきたように、宇宙と星の進化、そして生命の誕生へと続く、壮大な宇宙史の中に埋め込まれています。セーガンはこのことを「アップルパイを最初から作りたければ、まず宇宙を創らなければならない」と表現しました。今回は、われわれを構成する元素の起源と宇宙の中での物質循環という観点から、１３８億年の宇宙史を振り返ってみましょう。

元素とは「物質の素」という意味ですが、現在ではほとんどの場合、原子と同じ意味で用いられます。原子は、中心に複数の陽子と中性子からなる原子核があり、その周りを電子が取り囲んでいます。高温・高密度の状態では、その電子がはぎ取られたイオンとなっていることもあるので、宇宙での「元素」合成とは、原子核の合成とほぼ等価です。

とは言っても、誕生直後の宇宙には元素は存在しておらず（ダークマターを除く）、宇宙の物質は陽子と中性子だけからできていました。宇宙の誕生後約3分間で、陽子と中性子が反応してヘリウム（の原子核）が合成されます。これはビッグバン元素合成と呼ばれています。しかしその時点では水素、ヘリウム、そしてリチウムといった軽元素しか合成されませんでした。それらより重い元素を合成するには、もっと高密度の状態で時間をかけて陽子と中性子を反応させなくてはなりません。それが可能となるのは星の中心部です。したがって、宇宙で最初の星が誕生するまで、さらに数億年以上待つ必要がありました。

元素は重ければ重いほど、その合成には大きなエネルギーが不可欠です。そのためには、強い重力で圧縮され密度が高くなる質量の大きい星が必要となります。すでに述べたように、太陽よりも8倍以上重い大質量星は、生まれてから数千万年経つと、超新星爆発を起こしてその一生を終えます。大質量星の内部は玉ねぎのような層状の構造をしており、その内側にいくほど重い元素が合成されています。中心部分には鉄、その外側をシリコン、硫黄、ネオン、酸素、炭素、ヘリウム、水素の順で、軽い元素が層状に重なって分布しているのです。それらの元素は、超新星爆発の際に周囲の宇宙空間に撒き散らされます。星の質量にもよりますが、爆発後の中心部には、太陽質量程度の中性子星、あるいはブラックホールが形成されます。

次ページは、カシオペアAと呼ばれる超新星残骸の写真です。これは1667年頃に爆発した記録が残っているようですが、地球から1万1000光年の距離にあるので、実際にはさらにその分だけ過去に爆発したはずです。もともと太陽の16倍の質量をもつ大質量星が、進化する途中で約3分の2の質量を放出し、残った太陽質量の5倍の星が超新星爆発を起こしたものと考えられています。

さて、超新星は膨大な核エネルギーの放出にともなう大爆発なので、爆発後350年経過した超新星残骸カシオペアAですら、まだ数百万度という高温を保っており、強いX線放射が観測できます。異なる元素は、それぞれ特徴的なエネルギーのX線を放射するので、それを精密に観測することで、どこにどれだけの量の元素が分布しているかを推定できます。

次ページの上段はその結果を示したもので、シリコン、硫黄、カルシウム、鉄といった重元素が理論予言の通り、大量に撒き散らされていることがわかります。それらは、なんとシリコンが地球1万個分、硫黄が地球2万個分、鉄が地球7万個分に相当します。実は、カシオペアAから放射されるX線の大半は酸素からのもので

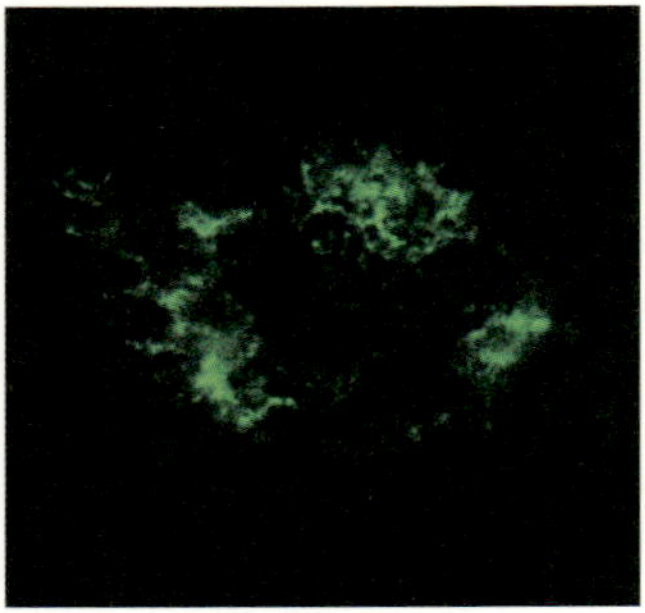

カルシウム

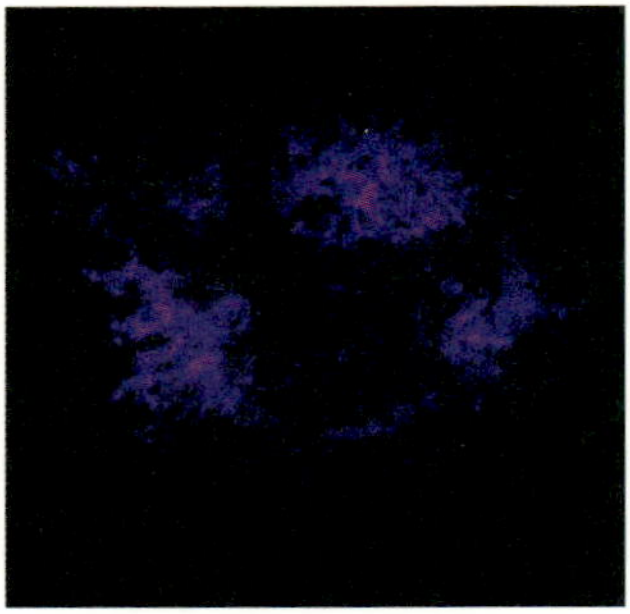

鉄

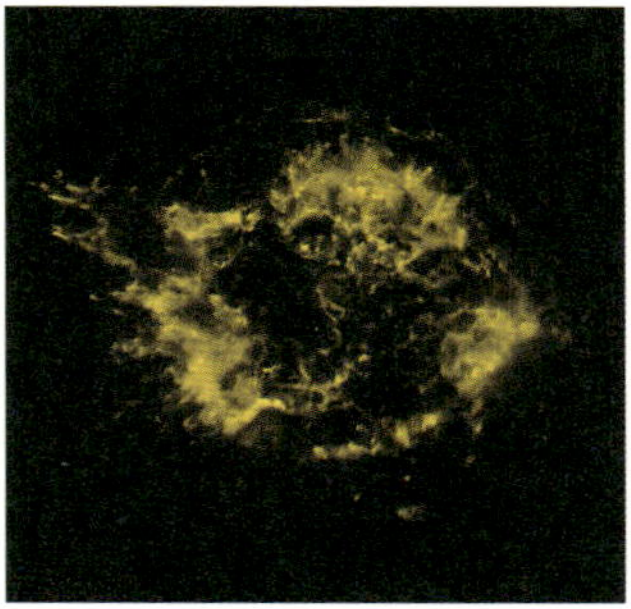

硫黄

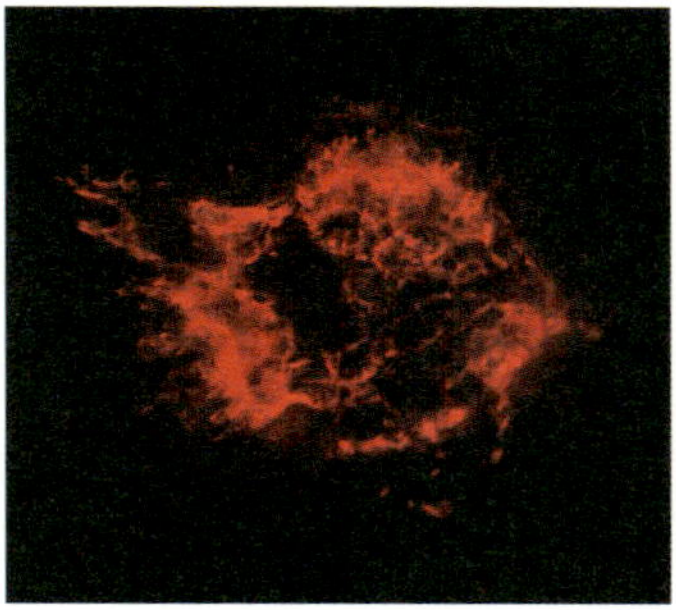

シリコン

［2］超新星残骸カシオペアＡの元素分布
© NASA/CXC/SAO

［1］超新星残骸カシオペアＡ
（宇宙望遠鏡スピッツァー、ハッブル、チャンドラによる、赤外線、可視光、X線画像を合成して作成されたもの）
© NASA/JPL-Caltech/O. Krause (Steward Observatory)

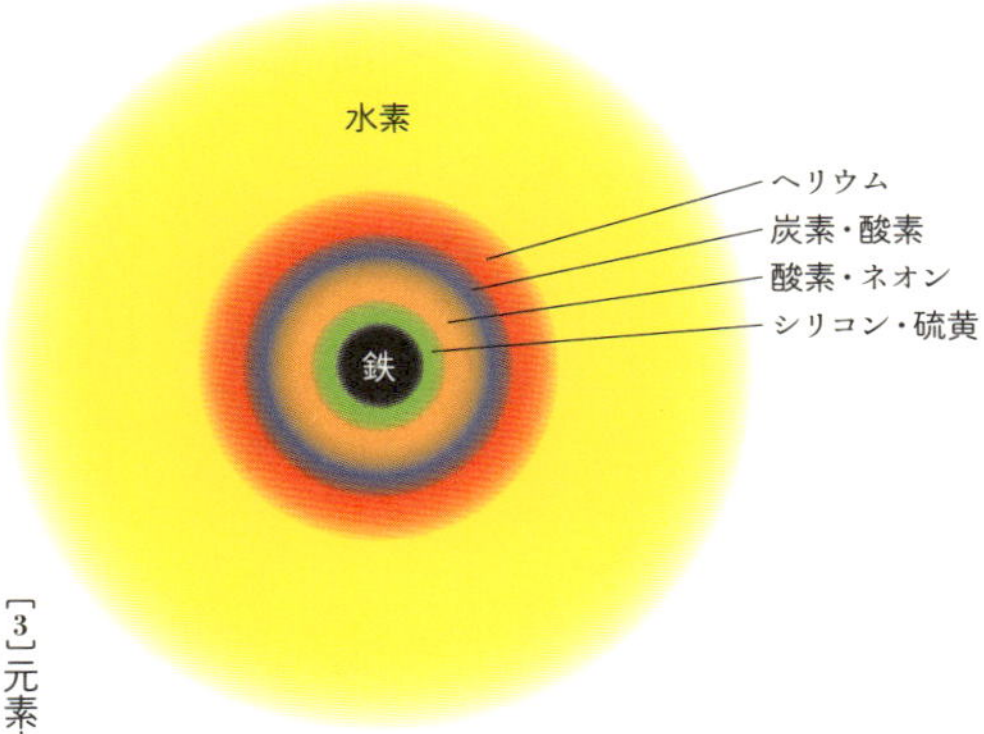

［3］元素内部の構造

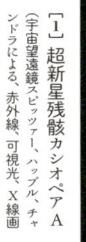

すが、酸素は様々なエネルギーのX線を同時に放射するため、その寄与だけを分離して163ページのように図示することは困難です。しかし、この爆発の際に放出された酸素の質量は、地球100万個分（太陽3個分）にもなることがわかっています。

このような星の内部での元素合成と、星の最期である超新星爆発は、われわれ人間にも大きく関係しています。人間の体の大半は水でできています。その水分子は、水素原子2個と酸素原子1個から構成されているので、質量に換算すると、人間の体の約65パーセントは酸素でできています。そしてそれらはすべて大質量星の超新星爆発（II型超新星爆発と呼ばれます）の結果として、宇宙空間にばらまかれました。同じく生物を構成する必須元素である、カルシウム（骨や歯の材料）、鉄（血液中の赤血球として体内に酸素を運ぶ）の約半分は、II型超新星爆発が起源です。残りは、太陽の数倍程度の質量の星の進化によって作られた白色矮星がその後連星系となり、やがて起こすI型超新星爆発の際に放出されたものと考えられています。

大質量星の爆発と白色矮星の爆発を区別しなければ、われわれの体の大半は、超新星爆発の結果、宇宙に撒き散らされた元素からできていると言えます。これらをまとめたのが166〜167ページの図です。元素の起源として重要な六つの過程が、周期表のそれぞれの元素にどの程度寄与しているのかを色分けして示していま す。われわれの体を作る元素は質量比にして、1パーセントが白色矮星のI型超新星爆発、73パーセントが大質量星のII型超新星爆発を起源としています。残りの16・5パーセントは低質量星が進化の途中で放出する元素、そして9・5パーセントは結局重元素になりそこねた水素からなっています。これこそ、セーガンが「われわれは星くずからできている」あるいは、「われわれは星の子ども」と表現した理由です。

ビッグバン以来138億年にわたって宇宙は膨張を続けています。そしてその中では、常に新たな無数の星々が誕生し、進化し、やがて最期を迎えます。その結果、宇宙空間に撒き散らされた物質を新たな原材料として、次世代の星が誕生し、再び進化と死のサイクルを繰り返します。まさにこの瞬間でも、広い宇宙のどこかで無数の超新星爆発が起こっています。そしてそれらはこれから数十億年かけて新たに誕生する惑星系に取り込まれ、やがてそこで誕生するであろう生命の原材料となることでしょう。この地球でもまた宇宙でも、そこで誕生した人々や星々が死ぬことは避けられません。しかしそれは決して物事の終わりではなく、むしろさらなる次世代の誕生にとっては不可欠な始まりに他なりません。

宇宙の進化と生命の誕生が、これほどまで密接な関係にあるとは、想像できなかったのではないでしょうか。宇宙と天体、そして生命もまた共進化していると言って良いでしょう。このわれわれ一人ひとりが、138億年の宇宙の歴史そのものなのです。

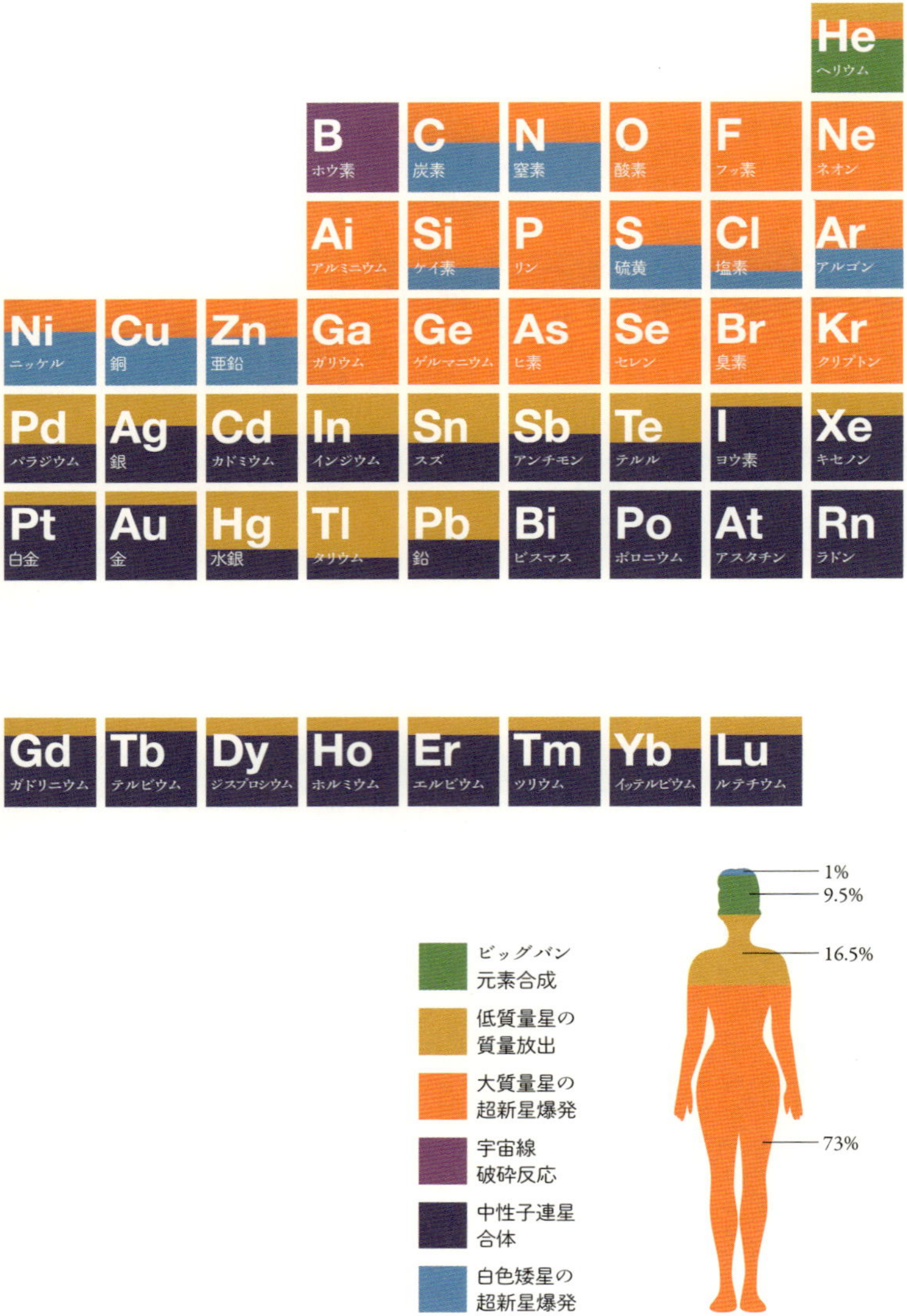
He ヘリウム
B ホウ素
C 炭素
N 窒素
O 酸素
F フッ素
Ne ネオン
Ai アルミニウム
Si ケイ素
P リン
S 硫黄
Cl 塩素
Ar アルゴン
Ni ニッケル
Cu 銅
Zn 亜鉛
Ga ガリウム
Ge ゲルマニウム
As ヒ素
Se セレン
Br 臭素
Kr クリプトン
Pd パラジウム
Ag 銀
Cd カドミウム
In インジウム
Sn スズ
Sb アンチモン
Te テルル
I ヨウ素
Xe キセノン
Pt 白金
Au 金
Hg 水銀
Tl タリウム
Pb 鉛
Bi ビスマス
Po ポロニウム
At アスタチン
Rn ラドン
Gd ガドリニウム
Tb テルビウム
Dy ジスプロシウム
Ho ホルミウム
Er エルビウム
Tm ツリウム
Yb イッテルビウム
Lu ルテチウム
ビッグバン元素合成
低質量星の質量放出
大質量星の超新星爆発
宇宙線破砕反応
中性子連星合体
白色矮星の超新星爆発
1%
9.5%
16.5%
73%

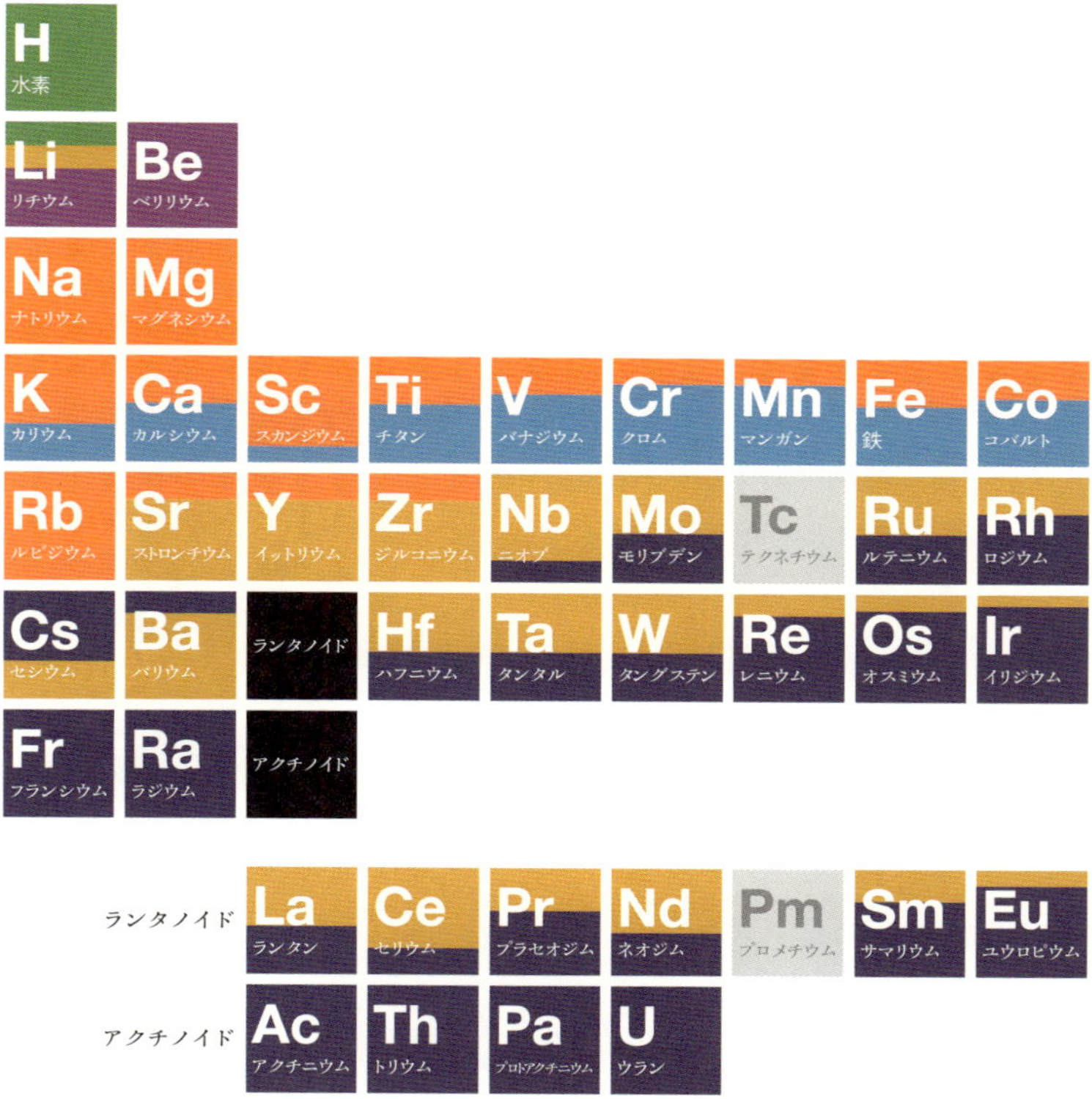

[4] 元素の起源と周期表
NASAのホームページ内の図
(©NASA/CXC/SAO/K. Divona)
をもとに作成

20.

地球発、宇宙経由、パラレルワールド行き

本書では、われわれの住む地球から宇宙を眺めつつ、１３８億年に及ぶその歴史、さらには地球やわれわれ自身と宇宙との関わりを考えてきました。地球が自転しているおかげで毎日訪れる夜の意義に始まり、夜空の向こうを見るための望遠鏡の進化史、宇宙から見た地球の姿、太陽系外惑星探査と宇宙生物学、地球外知的生命の可能性、銀河の誕生と形成の現場、ブラックホールを用いた一般相対論の検証、元素および生命の材料を生み出す星の誕生と死……。ちっぽけな地球から見えるごく一部の宇宙の姿でしかありませんが、それでも宇宙とその中の天体の進化や、宇宙において地球および人間が果たしている役割まで、驚くべき事実の数々を語りかけ

［1］アポロ17号が撮影した地球
©NASA

ているとことに気づいていただけたものと思います。今回はそれらのおさらいを兼ねて、この地球から宇宙の果てに至る旅を振り返ってみましょう。

まずお見せするのは、すばる望遠鏡があるハワイ島マウナ・ケア山頂から見上げた星空です。われわれの太陽系は天の川銀河の一員ですが、人間が肉眼で見分けられる夜空の天体のほとんどは同じくこの天の川銀河に属する星々であり、この画像では、無数の点として写っています。しかし星が1000億個集まった銀河であろうと、天の川銀河よりはるか遠くになると、暗くなってしまい肉眼で見つけることはほぼ不可能です。

その数少ない例外が、天の川銀河の隣人であるアンドロメダ銀河です。これはメシエという16世紀フランスの天文学者が作成した天体カタログの31番目の天体という意味で、M31とも呼ばれています。次にお見せする、南米チリにあるVLT（超巨大望遠鏡）から見える星空の左の真ん中あたりに、渦巻きのような形をしているのが、アンドロメダ銀河です。この画像では、そこに属しているはずの1000億個以上の星々を分離することはできません。アンドロメダ銀河の右上のあたりに見えているのが、さんかく座銀河（M33）です。この写真はデジタルカメラで長時間露光しているため綺麗に写っていますが、M33を肉眼で見つけることはかなり困難のようです。

さて、すばる望遠鏡が誇るHSC（ハイパーシュープリームカム）という広視野高感度カメラを用いれば、アンドロメダ銀河に属する星々を一つ一つ区別できるほど高分解能の写真が撮影できます。このカメラの最大の特徴は、直径90分角＝1・5度の円形の広い領域を一度に撮影できる点です。これは171ページの写真のように、アンドロメダ銀河がそのまますっぽり入るほどの大きさで、他の大望遠鏡ではあり得ません。

先にも述べたアンドロメダ銀河は天の川銀河から最も近い銀河で、そこまでの距離は約250万光年です。つまり、現在われわれが見ているアンドロメダ銀河の光は、地球上でアウストラロピテクスがやっと石器を使い始めたと考えられている時代に発せられたものなのです。

では次に、HUDF（ハッブル・ウルトラ・ディープ・フィールド）と呼ばれる可視光における最遠の銀河宇宙の姿を見ていただきましょう。これは、ハッブル宇宙望遠鏡を用いて、南天のろ座付近のごく小さな領域を、紫外線から近赤外線までの異なる波長（色）で繰り返し観測したデータを組み合わせたものです。

175ページの画像には、青、白、オレンジ、赤などの色に加え、大きさもまちまち、さらには、丸いものから引き延ばされたような形のものまで、実に多種多様な銀河の姿が写っています。このHUDFには、約1万個の銀河が写っていますが、ハッブル宇宙望遠鏡をもってしても検出できないほど遠く暗い銀河はさらにずっと多く存在しているはずです。

上

［2］ハワイのマウナ・ケア山頂から見る天の川と望遠鏡群

© Dr. Hideaki Fujiwara - Subaru Telescope, NAOJ.

下右

［3］チリのアタカマ砂漠から見る星空

©ESO/B. Tafreshi (twanight.org)

下左

［4］HSCによるアンドロメダ銀河 M31

©上坂浩光／HSC Project／国立天文台

ところで、それらの銀河の色や大きさがまちまちな理由は、主として二つあります。まず、銀河の個性。人間も肌の色や身長、体重などが人それぞれであるように、銀河もまた同じものは一つとしてありません。しかし、より重要なもう一つの理由は、この画像には「奥行き」があるということです。言い換えれば、われわれに近い銀河からはるか遠くの銀河までが同時に写っているのです。実際の大きさは同じでも、より遠くの銀河ほど、見かけ上の大きさは小さくなります。お隣のアンドロメダ銀河でさえその光が届くには250万年かかるのですから、遠方の銀河となると、さらに昔の生まれたばかりの子ども時代の姿がここには写っているわけです。そのため、その色もまた現在とは異なり、赤っぽく見えます。つまり、遠くの銀河になればなるほど、暗く、小さく、赤っぽく見えるのです。逆に、そのような性質の違いを利用して、それらの銀河の年齢を知り、この画像には今から何年前の宇宙までが写り込んでいるかを知ることができます。その結果は、約134億年前。現在は宇宙が誕生してから138億年経っていますので、この画像は誕生後わずか(!)4億年から現在に至るまでの宇宙を、いわば走馬灯のように連続的に見通しているというわけです。

ここまで読むと、この画像は、夜空の大半を切り取った膨大なサイズに対応しているのでは、と思われるかもしれません。しかしそれは全くの誤解です。この画像は、174ページのイラストにあるように夜空に浮かぶ月と比較すると、その面積の0・6パーセントしかなく、たとえるならば、夜空に向かって針を突き刺した程度の大きさでしかないのです。そのようなちっぽけな領域ですら、全天を埋め尽くす広大な宇宙全体の歴史を刻み込んでいるのです。

一方で、逆に言えばわれわれが理解している宇宙はまだまだほんの一部でしかありません。ハッブル宇宙望遠鏡をもってしても、134億光年より先の宇宙を直接観測することはできません。さらに遠くなると、そもそもいかなる天体も誕生していない時期となってしまいます。第16回で紹介した宇宙マイクロ波背景輻射にしても138億光年までしか観測できません。これは光が瞬時に届くのではなく、有限の時間をかけないと別の場所に届かないため、その原理的な限界です。

とは言え、これは138億光年を超えた領域に宇宙が広がっていないという意味ではありません。実は全く逆で、この宇宙は現在のわれわれが観測できる領域をはるかに超えて「ほぼ無限」に広がっているものと考えられています。そして、このHUDFの画像のはるか先には、おそらくわれわれの近くの領域とよく似た風景が果てしなく続いているはずなのです。仮にそうでないならば、なぜわれわれだけが宇宙の特別な存在でなくてはならないのか、納得できる理由が必要です。しかし、それは自己中心的な思い上がりなのではないでしょうか。われわれは宇宙のごくごく平均的な領域に住んでいると考えるほうがずっと自然です。

さて、話はまだここでは終わりません。この世の中のすべてのものは、それ以上

［5］ハッブルウルトラディープフィールド（ＨＵＤＦ）と月の大きさの比較
© NASA, ESA, Z. Levay (STScI), T. Rector, I. Dell'Antonio/NOAO/AURA/NSF, G. Illingworth, D. Magee, and P. Oesch (University of California, Santa Cruz), R. Bouwens (Leiden University) and the HUDF09 Team

〔6〕ハッブル・ウルトラ・ディープ・フィールド
© NASA, ESA, H. Teplitz and M. Rafelski (IPAC/Caltech), A. Koekemoer (STScI), R. Windhorst (Arizona State University), and Z. Levay (STScI)

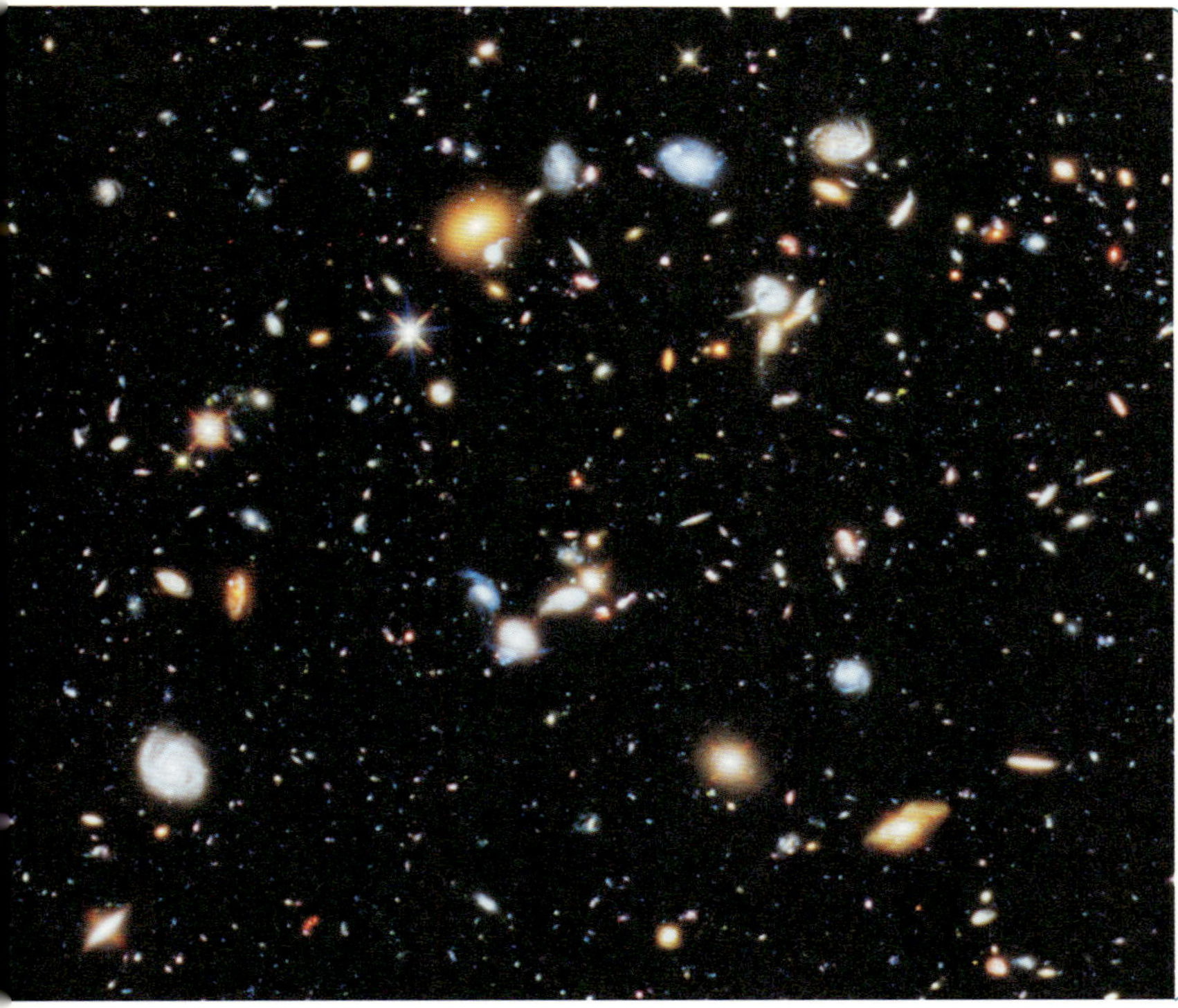

分割できない最小要素（素粒子）からできています。したがって、現在われわれが観測できる宇宙、すなわち、138億光年の半径をもつ地平線球内に存在するすべてのものもまた、つまるところその素粒子の集合に過ぎません。したがって、どれほど膨大な個数であろうと、それは無限大ではなく有限個の素粒子から構成されています。大まかに計算すれば、この地平線球内のすべての物質は、水素原子を約10の80乗個集めたものになります。これは1の後に0が80個並ぶ、気が遠くなるような大きな数ですが、決して無限大ではありません。ここまでは確実な事実です。

さて、全宇宙は現在のわれわれが観測できる「有限な領域」をはるかに超えて「ほぼ無限」に広がっていると述べました。そこでとりあえずこの「ほぼ」を無視して、その全宇宙は本当に無限だと考えてみます。この場合、「無限」の宇宙ですから、その中には10の80乗個からなる有限な領域は、無限個存在することになります。とすれば、その無限個の中にはわれわれが存在している地平線球と瓜二つのクローン宇宙（素粒子の個数はおろか、それらの空間分布までもが厳密に同じ）もまたおそらく無限個存在しているはずです。

納得していただけるかどうかは別として、この推測は、どんなにありそうもないことでも可能性が厳密に0でない限り、無限回繰り返せば何度でも起きてしまうはずだ、という数学的な結論に他なりません。これを認めれば、現在のわれわれが決して知ることのできないほど遠く離れた場所に、われわれとそっくりなクローン宇宙が無数に存在しており、その中には天の川銀河、太陽系、地球、日本（のクローン）があるだけでなく、そこには皆さんのクローンが住んでいて、私のクローンが書いたこの本を読みながら、本当に自分たちの観測できる宇宙の外にも別のクローン宇宙があるのかなあ……などと悩んでいるはずです。

つまり、われわれが観測できない領域も含めた意味での宇宙そのものが「ほぼ無限」ではなく、「本当に無限」に広がっているのであれば、SF小説だけではなく科学的にもパラレルワールド（並行宇宙、マルチバースなどとも呼ばれます）が存在する可能性があるのです。一方で、「ほぼ無限」の体積を持つ宇宙なのだとすれば、いくら広くとも、パラレルワールドが存在する必然性はなくなります（別に存在してもいいのですが）。

残念ながら、観測的にはそのどちらが正しいのかを検証することは不可能です。しかし、この宇宙に果てがあるのか、それともないのか、という素朴な疑問は、パラレルワールドが実在するかどうか、というとんでもない疑問へと自然につながっています。そのパラレルワールドにもまた、アポロ8号が月面から撮影した地球、あるいはアポロ17号が撮影した地球と瓜二つの、青い地球が存在しているかもしれません。そして、その住人もまた、誰に教えられなくても、夜空を愛で、ペイル・ブルー・ドットに心を打たれる感性をもっているかもしれません。

［7］アポロ8号が月面から見た地球
©NASA

というわけで、この地球から宇宙のさらなる先を訪ねる旅の終着駅はいまだ見えません。結局のところわれわれは、第1回目に紹介したラガッシュの住人と同じ状況のようです。2000年に一度だけ起きる日食の際の星空を見た瞬間に彼らの宇宙像が一変したように、アインシュタインの予言から100年後に完成した重力波検出装置によってブラックホール連星が発見され、われわれの地球で新たな天文学が始まったように、さらなる宇宙の観測は突如としてそれまでの世界観をすっかり変えてしまいます。その意味で本書は「宇宙はここまでわかっている」ことを伝えるのではなく、近い将来「われわれは何も知らなかった」とつぶやくための旅行ガイドでしかありません。お好きなページを開いて眺め返し、まだ知らない宇宙、そしてまだ知らない「世界」を夢見るのに役立てていただければ幸いです。

(Space Telescope Science Institute)
http://www.spacetelescope.org/images/opo0432d/
[5] NGC 2818　©NASA, ESA and the Hubble Heritage Team (STScI/AURA)
http://www.spacetelescope.org/images/ann0901a/
[6] MyCn18　©Raghvendra Sahai and John Trauger (JPL), the WFPC2 science team, and NASA/ESA
http://www.spacetelescope.org/images/opo9607a/
[7] The Boomerang Nebula　©NASA, ESA and The Hubble Heritage Team STScI/AURA
http://www.spacetelescope.org/images/opo0525a/
[8] IC 418　©NASA/ESA and The Hubble Heritage Team (STScI/AURA)
http://www.spacetelescope.org/images/opo0028a/
[9] NGC 2346　©NASA/ESA and The Hubble Heritage Team (AURA/STScI).
http://www.spacetelescope.org/images/opo9935d/
[10] Egg Nebula, V1610 Cyg　©NASA/ESA and The Hubble Heritage Team (STScI/AURA)
http://www.spacetelescope.org/images/opo0309a/
[11] NGC 6326　©ESA/Hubble and NASA
http://www.spacetelescope.org/images/potw1010a/
[12] Ant Nebula, Menzel 3, PN Mz 3　©NASA, ESA and the Hubble Heritage Team (STScI/AURA)
http://www.spacetelescope.org/images/heic0101a/
[13] M2-9, Twin Jet Nebula
©Bruce Balick (University of Washington), Vincent Icke (Leiden University, The Netherlands), Garrelt Mellema (Stockholm University), and NASA/ESA
https://www.spacetelescope.org/images/opo9738a/
[14] Eskimo Nebula, NGC 2392　©NASA, ESA, Andrew Fruchter (STScI), and the ERO team (STScI + ST-ECF)
http://www.spacetelescope.org/images/heic9910a/
[15] IC 4406, IRAS 14192-4355　©NASA/ESA and The Hubble Heritage Team STScI/AURA
http://www.spacetelescope.org/images/opo0214a/
[16] Cat's Eye Nebula, NGC 6543
©J.P. Harrington and K.J. Borkowski (University of Maryland), and NASA/ESA
http://www.spacetelescope.org/images/opo9501a/
[17] NGC 3132, Southern Ring Nebula
©Hubble Heritage Team (STScI/AURA/NASA/ESA)
http://www.spacetelescope.org/images/opo9839a/
[18] Cat's Eye Nebula, IRAS 17584+6638A, NGC 6543　©Nordic Optical Telescope and Romano Corradi (Isaac Newton Group of Telescopes, Spain)
http://www.spacetelescope.org/images/heic0414b/
[19] Calabash Nebula, OH 231.8+4.2
©ESA & Valentin Bujarraba (Observatorio Astronomico Nacional, Spain)
http://www.spacetelescope.org/images/heic0111a/
[20] HD 44179, Red Rectangle　©NASA/ESA, Hans Van Winckel (Catholic University of Leuven, Belgium) and Martin Cohen (University of California, USA)
http://www.spacetelescope.org/images/heic0408a/
[21] PN K1-22　©ESO
https://www.eso.org/public/images/eso1532a/
[22] Ring Nebula　©Hubble Heritage Team (AURA/STScI/NASA/ESA)
http://www.spacetelescope.org/images/opo9901a/
[23] NGC 6751　©NASA/ESA, The Hubble Heritage Team STScI/AURA
http://www.spacetelescope.org/images/opo0012a/
[24] NGC 2440
©NASA, ESA, and K. Noll (STScI)
http://www.spacetelescope.org/images/heic0703a/
p.105
[25] レモン山天文台から見た、Abell78
©Adam Block/Mount Lemmon SkyCenter/University of Arizona
http://www.caelumobservatory.com/gallery/abell78.shtml
[26] Abell78
©ESA/XMM-Newton/J.A. Toalá et al. 2015
https://www.esa.int/spaceinimages/Images/2015/07/Born-again_planetary_nebula

13★平安時代の超新星爆発
p.108-109
[1] ハッブル宇宙望遠鏡が撮影したかに星雲
©NASA, ESA, J. Hester and A. Loll (Arizona State University)
http://hubblesite.org/newscenter/archive/releases/2005/37/
p.114－115
[2]「明月記」のなかで1054年の客星(超新星)について記述された部分
提供…公益財団法人冷泉家時雨亭文庫

14★衝突し合体する銀河たち
p.118-119
[1] 衝突中の銀河
©NASA, ESA, the Hubble Heritage Team (STScI/AURA)-ESA/Hubble Collaboration and K. Noll (STScI)
http://www.spacetelescope.org/images/heic0810ac/
p.122-123
[2][4][5][6][7][9][10] Aaron S. Evans (バージニア大学、米国電波天文台、ストーニーブルック大学)らによる共同研究　©NASA, ESA, the Hubble Heritage Team (STScI/AURA)-ESA/Hubble Collaboration and A. Evans (University of Virginia, Charlottesville/NRAO/Stony Brook University)
http://www.spacetelescope.org/images/heic0810ao/
https://www.spacetelescope.org/images/heic0810ah/
https://www.spacetelescope.org/images/heic0810af/
https://www.spacetelescope.org/images/heic0810aj/
https://www.spacetelescope.org/images/heic0810an/
https://www.spacetelescope.org/images/heic0810ai/
http://www.spacetelescope.org/images/heic0810ac/
[3] Arp 256　©ESA/Hubble, NASA
http://www.spacetelescope.org/images/heic1805a/
[8] Arp 148, Mayall's object　©NASA, ESA, the Hubble Heritage Team (STScI/AURA)-ESA/Hubble Collaboration and A. Evans (University of Virginia, Charlottesville/NRAO/Stony Brook University), K. Noll (STScI), and J. Westphal (Caltech)
http://www.spacetelescope.org/images/heic0810ae/

15★時空を超える重力レンズの蜃気楼
p.126-127
[1] 銀河団SDSS J1004+4112による重力レンズ4重像(115秒角×81秒角)
© European Space Agency, NASA, Keren Sharon (Tel-Aviv University) and Eran Ofek (CalTech)
http://spacetelescope.org/images/heic0606a/
p.132
[2] 宇宙のチェシャ猫　©NASA/ESA
https://www.nasa.gov/content/hubble-sees-a-smiling-lens

16★光で見える宇宙の果て
p.136-137
[1] プランク探査機による誕生後38万年の宇宙
©ESA and the Planck Collaboration
http://www.esa.int/spaceinimages/Images/2013/03/Planck_CMB
p.140
[2] プランク探査機　© ESA-S. Corvaja
http://www.esa.int/spaceinimages/Images/2009/05/Removing_the_Planck_telescope_s_protective_cover

17★29＋36＝62の発見でノーベル賞
p.144
[1] LIGO実験施設：ハンフォード(上)、リビングストン(下)　©Caltech/MIT/LIGO Lab
https://www.ligo.caltech.edu/LA/image/ligo20150731d
https://www.ligo.caltech.edu/LA/image/ligo20150731c
p.145
[2] 平川浩正教授と重力波検出器
提供 坪野公夫
p.146
[3] 記録された重力波信号のグラフ　©LIGO
https://www.ligo.caltech.edu/LA/image/ligo20160211a

18★中性子星を巡る冒険
p.154
[2] 初めて発見されたパルサー信号波形(The Papers of Anthony Hewish, HWSH Acc. 355)
© Churchill Archives Centre, Cambridge
p.155
[3] マラード電波天文台に設置された観測装置
[4] 観測装置の前のベル。1967年撮影
©University of Cambridge
https://collection.sciencemuseum.org.uk/objects/co8105496/parts-from-the-cambridge-interplanetary-scintillation-array-radio-telescope-instrument-component
p.158
[5] J-GEMが撮影した重力波源 GW170817
©国立天文台／名古屋大学
https://www.subarutelescope.org/Pressrelease/2017/10/16/fig1r.png

19★われわれは星の子ども
p.162-163
[1] 超新星残骸 カシオペア A
©NASA/JPL-Caltech/O. Krause (Steward Observatory)
http://www.spitzer.caltech.edu/images/1445-ssc2005-14c-Cassiopeia-A-Death-Becomes-He
[2] カシオペア Aの元素分布　©NASA/CXC/SAO
http://chandra.harvard.edu/photo/2017/casa_life/more.html
p.166-167
[4] 元素の起源と周期表
NASAのホームページ内の図をもとに作成
(©NASA/CXC/SAO/K. Divona)
http://chandra.harvard.edu/photo/2017/casa_life/casa_life_periodic.jpg

20★地球発、宇宙経由、パラレルワールド行き
p.168
[1] アポロ17号が撮影した地球　© NASA
https://www.nasa.gov/content/blue-marble-image-of-the-earth-from-apollo-17
p.171
[2] マウナ・ケア山頂から見る天の川と望遠鏡群
© Dr. Hideaki Fujiwara - Subaru Telescope, NAOJ.
[3] チリのアタカマ砂漠から見る星空
© ESO/B. Tafreshi (twanight.org)
https://www.eso.org/public/images/potw1342a/
[4] HSCによるアンドロメダ銀河 M31
©上坂浩光／HSC Project／国立天文台
https://subarutelescope.org/Topics/2014/09/08/j_index.html
p.174-175
[5] HUDFと月の大きさの比較
© NASA, ESA, Z. Levay (STScI), T. Rector, I. Dell'Antonio/NOAO/AURA/NSF, G. Illingworth, D. Magee, and P. Oesch (University of California, Santa Cruz), R. Bouwens (Leiden University) and the HUDF09 Team
https://www.spacetelescope.org/images/heic1214d/

[6] ハッブル・ウルトラ・ディープ・フィールド
© NASA, ESA, H. Teplitz and M. Rafelski (IPAC/Caltech), A. Koekemoer (STScI), R. Windhorst (Arizona State University), and Z. Levay (STScI)
http://hubblesite.org/images/news/58-hubble-ultra-deep-field
p.178
[7] 月面から見る地球　© NASA
https://www.nasa.gov/image-feature/apollo-8-earthrise

引用・出典一覧

1★世界を支配するダーク

p.11

[1]アイザック・アシモフの短編『Nightfall(夜来たる)』に基づく長編版

Isaac Asimov and Robert Silverberg, *Nightfall*, Doubleday, 1990

p.14-15, p.17

[2]夜の地球 [3]夜の日本列島周辺

提供…NASA Earth Observatory/NOAA NGDC

https://earthobservatory.nasa.gov/NaturalHazards/view.php?id=79765

2★ガリレオからTMTへ

p.19

[1]ガリレオ・ガリレイ『星界の報告』

Galileo Galilei, *Sidereus Nuncius*, 1610(邦訳/ガリレオ・ガリレイ『星界の報告 他一篇』山田慶児・谷泰訳、岩波書店)

p.20-21

[2]ガリレオが自作した望遠鏡

Photo Franca Principe, Museo Galileo, Firenze

[3]フッカー望遠鏡 ©Ken Spencer

https://commons.wikimedia.org/wiki/File:100_inch_Hooker_Telescope_900_px.jpg

[4]ハッブル宇宙望遠鏡

© European Space Agency

http://www.spacetelescope.org/images/hubble_earth_sp01/

p.24

[5]JWST © NASA/Chris Gunn

https://www.flickr.com/photos/nasawebbtelescope/37988427785/in/album-72157665096457330/

p.25

[6]TMT予想図 ©国立天文台

http://tmt.nao.ac.jp/gallery/index.html

3★織姫と彦星、そして昴

p.28-29

[1]マウナ・ケア山頂から望む天の川

© Dr. Hideaki Fujiwara - Subaru Telescope, NAOJ.

https://www.subarutelescope.org/Gallery/j_starrynights.html

2014年11月10日に、ハワイ観測所 藤原英明氏が撮影(30秒露出)

p.32

[2]昴を背景としたすばる望遠鏡 © Mr. Pablo McLoud - Subaru Telescope, NAOJ.

https://www.subarutelescope.org/Gallery/j_starrynights.html

2012年12月17日に、ハワイ観測所 Pablo McLoud 氏が撮影(25秒露出)

p.34

[3]望遠鏡銀座 ©国立天文台

https://www.subarutelescope.org/Gallery/j_tele_dome.html

4★地上600キロ 空飛ぶ天文台

p.35

[1]地球周回軌道上のHST

© NASA/ESA

http://www.spacetelescope.org/images/s109e5875/

p.38-39

[2]修理作業中の宇宙飛行士とHST

© NASA/ESA

https://www.spacetelescope.org/images/sts103_501_026/

p.40

[3]修理前後のHSTの銀河画像の比較

https://www.flickr.com/photos/nasacommons/9460789088/in/photolist-fq21Zf-7ASjto-Vh1Pcb-jqfdps

p.42-43

[4]地球を周回するHST © NASA

http://hubblesite.org/image/3812/spacecraft

[5]HST、地球、月 © NASA

https://www.nasa.gov/multimedia/imagegallery/image_feature_839.html

[6][7][8]HSTと宇宙飛行士 © NASA & ESA

https://www.spacetelescope.org/images/ann0908a/

https://commons.wikimedia.org/wiki/File:Upgrading_Hubble_during_SM1.jpg

https://www.nasa.gov/multimedia/imagegallery/image_Feature_1355.html

[9]HSTと宇宙 © NASA

https://spaceflight.nasa.gov/gallery/images/shuttle/sts-125/hires/s125e009194.jpg

5★土星から見た地球

p.46-47

[1]カッシーニ衛星からの画像

© NASA/JPL-Caltech/Space Science Institute

https://www.jpl.nasa.gov/spaceimages/details.php?id=PIA17171

p.50

[2]土星の環と衛星

© NASA/JPL/Space Science Institute

http://ciclops.org/view/8631/A-Farewell-to-Saturn

p.51

[3]カッシーニ衛星が見た地球と月

©NASA/JPL-Caltech/Space Science Institute

https://www.jpl.nasa.gov/spaceimages/details.php?id=PIA17170

6★土星の衛星の世界

p.53

[1]土星の夜

©NASA/JPL-Caltech/Space Science Institute

https://saturn.jpl.nasa.gov/resources/7798/goodbye-to-the-dark-side/?category=images

p.55

[2][3]ホイヘンスが撮影したタイタンの表面

©ESA/NASA/JPL/University of Arizona

https://www.nasa.gov/content/ten-years-ago-huygens-probe-lands-on-surface-of-titan

https://commons.wikimedia.org/wiki/File:Huygens_surface_color_sr.jpg

p.58-59

[4]タイタン ©NASA/JPL/University of Arizona/University of Idaho

https://www.jpl.nasa.gov/spaceimages/details.php?id=PIA20016

[5]エンケラドス

©NASA/JPL/Space Science Institute

https://photojournal.jpl.nasa.gov/catalog/PIA06254

[6]ミマス

©NASA/JPL-Caltech/Space Science Institute

https://photojournal.jpl.nasa.gov/catalog/PIA12570

[7]ヤヌス

©NASA/JPL/Space Science Institute

https://photojournal.jpl.nasa.gov/catalog/PIA08296

[8]エピメテウス

©NASA/JPL/Space Science Institute

https://photojournal.jpl.nasa.gov/catalog/PIA09813

[9]パンドラ

©NASA/JPL/Space Science Institute

https://photojournal.jpl.nasa.gov/catalog/PIA07632

[10]プロメテウス

©NASA/JPL-Caltech/Space Science Institute

https://www.nasa.gov/image-feature/jpl/pia17207/prometheus-up-close

[11]土星の環に浮かぶ衛星タイタン

©NASA/JPL-Caltech/Space Science Institute

https://www-a.jpl.nasa.gov/spaceimages/details.php?id=PIA20484

7★カール・セーガンの遺産

p.63

[2]パイオニア10号が撮影した木星の画像

提供…NASA

https://solarsystem.nasa.gov/resources/707/pioneer-10-at-jupiter/

p.65

[3]ペイル・ブルー・ドット © NASA JP:

https://visibleearth.nasa.gov/view.php?id=52392

p.68

[5]ボイジャー1号機

提供…NASA / JPL-Caltech

https://voyager.jpl.nasa.gov/galleries/images-of-voyager/#gallery-1

8★宇宙人へのメッセージ

p.72-73

[1]ボイジャー探査機に搭載されたレコード盤

© NASA/JPL-Caltech

https://voyager.jpl.nasa.gov/news/details.php?article_id=109

p.74-75

[2]パイオニア探査機に搭載された金属板

https://commons.wikimedia.org/wiki/File:Pioneer_plaque.svg

[3]アレシボメッセージ

https://ja.wikipedia.org/wiki/アレシボ・メッセージ

p.76

[4]パイオニア探査機に搭載された金属板

提供…NASA

https://solarsystem.nasa.gov/resources/706/pioneer-plaque/

9★一番近い星に生命が?

p.77

[1]ケンタウルス座アルファ星

© ESO/Digitized Sky Survey 2

Acknowledgement: Davide De Martin

http://www.eso.org/public/images/eso1241e/

p.80

[2]ヨーロッパ南天文台から見るケンタウルス座アルファ星 © Digitized Sky Survey 2

Acknowledgement: Davide De Martin/Mahdi Zamani

http://www.eso.org/public/images/eso1629i/

p.83

[3]開発中の切手サイズの超小型探査機:スターチップ © Breakthrough Starshot and Zachary Manchester

10★七つの「地球」を宿す星

p.85

[1]2012年6月6日、国立天文台の三鷹太陽観測施設から見た金星の太陽面通過

©国立天文台

http://solarwww.mtk.nao.ac.jp/jp/image/venus_transit20120606.png

p.86-87

[2]2012年6月6日、太陽観測衛星「ひので」から見た金星の太陽面通過

©国立天文台/JAXA

http://hinode.nao.ac.jp/news/topics/120606VenusTransit/

11★アタカマ高原から見る惑星誕生の現場

p.94-95

[1]地上望遠鏡が撮影したおうし座周辺領域

©NASA, ESA, Digitized Sky Survey 2

Acknowledgement: Davide De Martin

http://www.spacetelescope.org/images/heic1424c/

[2]ハッブル望遠鏡が撮影したおうし座XZ星とおうし座HL座 ©ALMA (ESO/NAOJ/NRAO), ESA/Hubble and NASA

Acknowledgement: Judy Schmidt

https://www.eso.org/public/images/eso1436b/

[3]アルマ望遠鏡によるおうし座HL座

©ALMA (ESO/NAOJ/NRAO), ESA/Hubble and NASA Acknowledgement: Judy Schmidt

https://www.eso.org/public/images/eso1436b/

p.97-98

[4]アルマ望遠鏡の33台のアンテナ

©ALMA (ESO/NAOJ/NRAO), J. Guarda (ALMA)

https://alma-telescope.jp/gallerytag/aos?post_type=gallery&mediatype=picture

[5]日本の組み立てエリアにあるアンテナ

©国立天文台

https://alma-telescope.jp/gallerytag/osf

12★夜空の宝石箱

p.100-101

[1]NGC 6369 ©NASA/ESA and The Hubble Heritage Team (STScI/AURA)

http://www.spacetelescope.org/images/opo0225a/

[2]NGC 6543 ©ESA, NASA, HEIC and The Hubble Heritage Team (STScI/AURA)

http://www.spacetelescope.org/images/heic0414a/

[3]NGC 5882 © ESA/Hubble & NASA

https://www.spacetelescope.org/images/potw1114a/

[4]NGC 7293 ©NASA, ESA, C.R. O'Dell (Vanderbilt University), and M. Meixner, P. McCullough, and G. Bacon

フッカー
［アメリカ／1917年］

大パリ万博望遠鏡
［フランス／1990年］

すばる
［ハワイ、マウナ・ケア／1999年］

TMT
［ハワイ、マウナ・ケア／2024年予定］

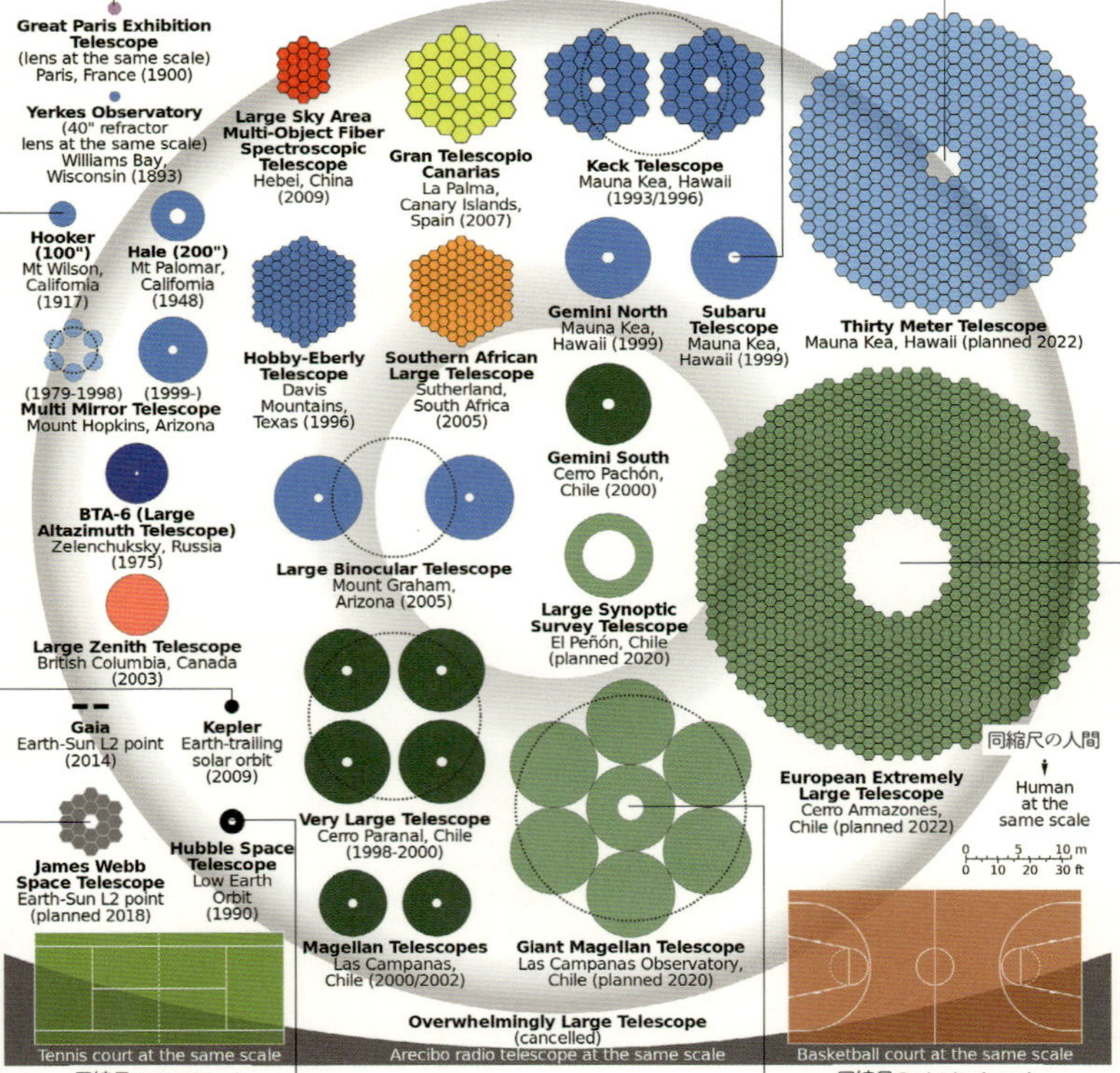

同縮尺のテニスコート

同縮尺のバスケットコート

JWST 第2グランジュ点
［2019年予定］

HST 地球周回軌道
［1990年］

欧州超巨大望遠鏡
［チリ／2022年予定］

ケプラー 地球追尾太陽周回軌道
［2009年］

巨大マゼラン望遠鏡
［チリ／2022年予定］

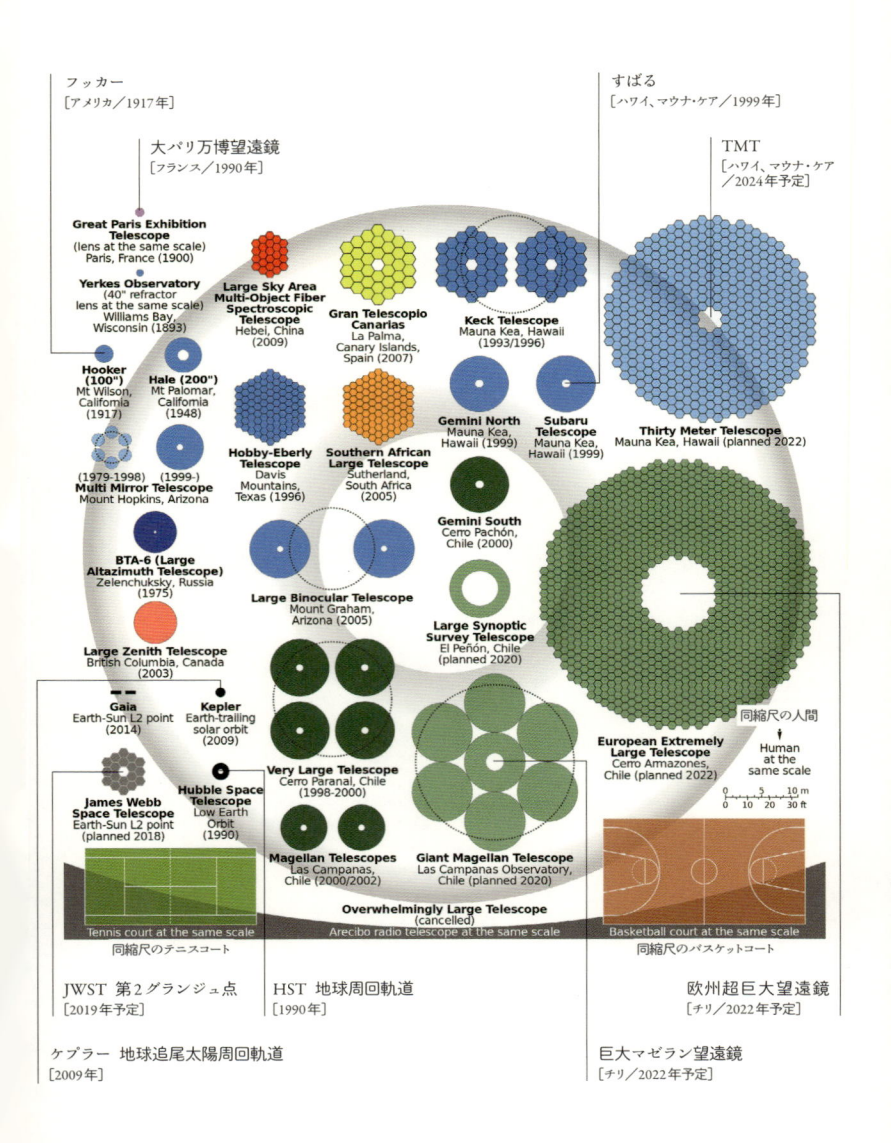

初出

まえがき…書き下ろし

高知新聞「この空のかなた 138億年の旅」
＊［　］内は掲載時タイトル

1. 世界を支配するダーク［2016年12月10日］
2. ガリレオからTMTへ［2018年1月13日］
3. 織姫と彦星、そして昴
［2017年7月8日／織り姫と彦星、そして昴］
4. 地上600キロ　空飛ぶ天文台［2016年8月13日］
5. 土星から見た地球［2016年5月14日］
6. 土星の衛星の世界［2017年12月9日／さらば土星よ］
7. カール・セーガンの遺産［2018年2月10日］
8. 宇宙人へのメッセージ［2017年8月12日］
9. 一番近い星に生命が？［2016年11月12日］
10. 七つの「地球」を宿す星［2017年5月13日］
11. アタカマ高原から見る惑星誕生の現場
［2017年9月9日／惑星誕生の瞬間をみる］
12. 夜空の宝石箱
［2017年2月11日／夜空にきらめく宝石たち］
13. 平安時代の超新星爆発［2016年7月9日］
14. 衝突し合体する銀河たち
［2016年9月10日／衝突する銀河たち］
15. 時空を超える重力レンズの蜃気楼
［2016年4月9日／時空を超える蜃気楼
2017年4月8日／重力レンズで笑う猫］
16. 光で見える宇宙の果て［2016年6月11日］
17. 29+36=62の発見でノーベル賞
［2016年10月8日／29+36=62を発見！
2017年10月14日／ノーベル賞に輝く黒い穴《ブラックホール》］
18. 中性子星を巡る冒険［2017年11月11日］
19. われわれは星の子ども
［2018年3月10日／星の子どもたち］
20. 地球発、宇宙経由、パラレルワールド行き
［2017年6月10日／パラレルワールド？］

単行本化にあたり、大幅な加筆・修正を行いました。

［巻末参考資料］本書にも登場したものをはじめ、世界で稼働中、建設中の望遠鏡の大きさの比較（稼働年は図作成時の予定。すでに延期されている場合もある）
https://commons.wikimedia.org/wiki/File:Comparison_optical_telescope_primary_mirrors.svg
（作者：Cmglee）

この空《そら》のかなた

2018年7月8日　第1版第1刷発行

著者　須《す》藤《とう》　靖《やすし》

発行所　株式会社亜紀書房
〒101-0051
東京都千代田区神田神保町1-32
TEL　03-5280-0261（代表）
03-5280-0269（編集）
http://www.akishobo.com/
振替　00100-9-144037

印刷　株式会社トライ

Printed in Japan　ISBN978-4-7505-1552-6　C0044